세상 쉬운

우리 아이 성교육

성교육 처음 시작하는 양육자들이 반드시 읽어야 할 필독서

세상 쉬운 우리 아이 성교육

초판 1쇄 발행 2020년 3월 2일
초판 9쇄 발행 2024년 1월 15일

지은이 이석원

발행인 백유미 조영석
발행처 (주)라온아시아
주소 서울특별시 서초구 방배로180 스파크플러스 3F

등록 2016년 7월 5일 제 2016-000141호
전화 070-7600-8230 **팩스** 070-4754-2473

값 13,800**원**
ISBN 979-11-90233-55-2 (13590)
979-11-90233-77-4 (세트)

성교육 처음 시작하는 양육자들이 반드시 읽어야 할 필독서

세상 쉬운 우리 아이 성교육

이석원 지음

RAON BOOK

| 프롤로그 |

성교육은 내 아이를 사랑하는 가장 올바른 방법이다

2016년, EBS <LIVE TALK 부모> 프로그램에서는 '성교육, 이래서 어렵다!'를 주제로 양육자에게 설문조사를 했다. 그 결과 77%의 양육자가 '지도 방법을 몰라서'를 성교육 어려움의 1위로 꼽았다. 많은 양육자들이 쑥스러움이나 부끄러움 같은 이유를 댈 거라고 생각했던 나는 예상이 빗나간 결과에 적잖이 놀랐다. 양육자들은 자녀에게 성교육이 필요하다는 것은 알고 있지만 어떻게 교육할지를 모른다는 의견을 압도적으로 내놓았다. 이는 양육자들에게 성교육에 대해 제대로 알려줄 강사와 책이 필요하다는 것을 여실히 보여주는 결과였다.

이 책은 많은 양육자들의 끊임없는 관심과 요청으로 세상에 나왔다. 내 아이에게 어떻게 성교육을 해야 할지 궁금하고 알고 싶은 양육자들을 위해서, 어렵고 막막한 내 아이 성교육을 두고 명쾌하고 친절한 안내서를 원하는 많은 어른을 위해서 말이다.

내 별명은 '365일'

나는 현재 대한민국에서 성교육을 매우 활달히 진행하고 있는 성교육 강사 중 하나다. 정부, 기업, 학교, 기관, 단체 그리고 해외까지 돌아다니며 연 500회 이상 강의와 코칭을 진행하고 있다. 그래서 내 별명은 '365일'이다. 하루도 쉬지 않고 일을 하니 붙은 별명이다. 많게는 하루에 10회 이상 강의한 적도 있다. 성교육 강의를 나갔다 하면 2~3차까지 재강의 요청과 함께 다른 곳에 소개를 받는다. 이렇게 끊임없이 소개를 받아 유아부터 노년까지 전 연령을 대상으로 그동안 7,000회 이상 교육과 상담을 진행하며 30만 명이 넘는 대중들을 만났다. 그중에서 가장 많이 만나는 대상이 바로 양육자다.

지금은 성교육 강의뿐만이 아니라 '자주스쿨'이라는 성교육 전문 기관을 설립해 대표를 맡아 운영 중이다. 자주스쿨에서는 성교육 프로그램 강좌를 열고 소그룹을 대상으로 가정으로 찾아가 성교육을 진행하는 등 양육자와 자녀가 성교육을 받고 소통하는 장을 열고 있다. 더불어 성교육 전문 강사 양성 과정을 열어 후배들을 양성하느라 쉴 새 없이 바쁘게 일하고 있다.

강의의 결실이 책으로 이어지다

이렇게 바쁜 가운데 이 '책'을 꼭 써야겠다고 생각하게 된 계기가 있다. 내가 1년 365일 열심히 전국으로 강의를 다니지만, 여건상 듣지 못해 아쉬워하는 분들이 많았기 때문이다. 나의 몸이 홍길동처럼 열 개가 되었으면 좋겠다고 생각한 적이 한두 번이 아니다.

부산에서 내 성교육 강의를 들었던 한 엄마는 며칠 뒤 직장에 휴가를 내고 부산에서 서울까지 한걸음에 달려와 재강의를 듣기도 했다. 먼 거리인데 왜 또 오셨는지 물어보니 그분은 이렇게 대답했다.

"강사님의 성교육 강의를 듣고 아이 성교육을 제대로 시작할 수 있었어요. 강의가 너무 좋아서 멀지만 이번에 복습하러 왔습니다. 오늘도 역시 새롭게 배우고 갑니다. 혹시 저같이 멀리서 오는 양육자를 위해 강사님의 유익한 성교육 강의를 책으로 써주시면 안 될까요?"

그동안 아이 성교육 책을 써달라는 요청을 수없이 받았지만, 이분의 말씀을 계기로 나는 오랫동안 계획했던 책 쓰기 결심을 굳히게 되었다. 자녀 성교육은 그 어떤 곳보다 가정에서, 양육자가 하는 게 중요하다. 학교나 기관에서는 아직 성교육을 충분히 해주지 못하고 있는 실정이고, 아이들이 가장 영향을 많이 받는 곳이 가정이기 때문이다. 그래서 나는 성교육이야말로 곧 '인성교육'이라고 말한다. 성교육을 가르쳐야 할 가장 큰 책임은 바로 양육자에게 있다. 양육자가 변하면 결국 아이도 변하고 세상도 변할 수 있다.

모두의 손 안에 작은 컴퓨터가 하나씩 있는 세상이다. '스마트폰'으로 이름 붙은 그 기기를 통해 아이들은 자극적이고 왜곡된 성을 쉽고 빠르게 접한다. 어린아이들의 성폭력 사건도 하루가 멀다 하고 일어나며 수위도 점점 심각해지고 있다. 이제 학교나 사회에만 성교육을 맡기면 안 된다. 가정에서 양육자가 성교육의 주체가 되어 아이들이 건강하게 자랄 수 있는 배움터를 마련해야 한다.

난생처음 내 아이 성교육이란?

이 책은 아이와 성을 주제로 소통하고 대화하는 방법을 담고 있다. 아이 성교육을 고민하거나 아이를 계획하고 있는 양육자, 아이를 만나거나 가르치는 교육자 등 이 시대를 살아가는 어른에게 필요한 책이다. 아이에게 어떻게 성교육을 해야 할지 고민되거나 막막한 분들의 고민을 뻥 뚫어주는 사이다 같은 책이 될 것이라고 감히 단언한다.

이 책은 또한 '성교육은 실전이자 실천이다'라는 원칙으로 문제 제기를 넘어서 실생활에서 잘 대처하고 해결하는 방법을 친절하게 안내한다. 이 책을 통해 독자는 그동안 막막했던 성을 주제로 자녀와 소통하는 방법을 배우고, 자녀에게는 가장 훌륭하고 가까운 성교육 전문가가 될 수 있을 것이다. 이 책의 특징은 크게 세 가지다.

첫째, 단순히 주장만 하는 것이 아니라 주장을 뒷받침하는 신뢰할 만한 근거와 통계를 담았다. 즉 성교육의 최신 트렌드를 반영했고, 책뿐만 아니라 다양한 논문들을 참고했다.

둘째, 다양하고 풍부한 사례를 담아 처음 읽는 누구라도 쉽게 이해할 수 있도록 했다.

셋째, 자녀 성교육 문제 해결 방법을 상세히 담아 책을 읽고 바로 생활에 적용할 수 있도록 구체적인 '행동 방안'을 제시했다.

책은 총 6장으로 구성되었다. 1장은 지금 왜 양육자의 성교육이 필요한지를 설명했다. 양육자가 아이의 성교육에 관심을 가지고 공부해야만 하는 이유를 시대적 상황과 교육적 관점, 관계적 측면 등에서 이야기했다. 또 성교육이란 무엇인지에 대한 개념 정의와 그 시기는 언제부터 누가 해야 할지, 현재 트렌드에 맞는 성교육 방향과 노하우는 무엇인지도 담았다.

2장에서는 아이에게 성교육을 시작하기 전, 교육자로서 양육자가 점검해야 할 사항들을 소개했다. 양육자 자신의 성부터 먼저 점검하고 건강하게 만들어야 사랑하는 아이에게 좋은 성교육을 해줄 수 있음을 구체적인 사례를 들어 설명했다.

3~5장에는 유아, 아동, 청소년까지 연령별로 성교육하는 방법을 담았다. 각 연령별로 나누어 모자라지도 않고 지나치지도 않게 때에 맞는 성교육 방법의 핵심만을 제시했다.

6장에서는 위기 상황별로 발 빠르게 대처할 수 있는 방안을 소개했다. 아이가 성과 관련한 문제에 부닥쳤을 때 양육자들이 어떤 자세로 어떻게 대처해야 하는지, 양육자들이 성교육 전문가처럼 아이를 교육할 수 있는 노하우와 기술을 아낌없이 소개했다. 또 현장에서 양육자들이 가장 많이 하는 질문 베스트 5에 대해서도 명쾌한 답변을 실었다.

이 책은 성 지식뿐만 아니라 '태도'의 중요성에 대해 전달하는 책이다. 결국, 성교육은 자녀가 어떤 '태도와 주관'을 가지고 살아가게 할 것인가에 대한 교육이기 때문이다.

나는 지난 10년 동안 성에 대해 연구하고 깨달았던 지식과 노하우를 한데 모아 아낌없이 전하고자 한다. 책을 집필하며 힘들 때마다 이 책을 간절히 바라고 응원해주었던 양육자들의 모습을 떠올렸다. 〈드래곤볼〉이라는 만화에서 주인공 손오공이 적을 해치우기 위해 지구 사람들의 기운을 받아 원기옥을 모으듯이, 전국의 양육자들과 청중의 무수히 많은 응원과 지지를 받아 책을 세상에 내놓을 수 있었다.

이 책의 공동 저자가 되어 배운 내용을 실천하라!

나는 독자들이 책을 단순히 읽는 것에 그치지 말고 이 책의 공동 저자가 되기를 바란다. 단순히 읽기만 하는 수준을 넘어 깨닫거나 배우는 내용이 있다면 저자의 마음처럼 밑줄을 긋고 표시하여 자신의 것으로 만들기를 바란다. 성교육은 '가치관 교육'이라 생활 속에서 실천이 뒤따라야 한다. 그래야 아이에게 현실적이고 좋은 성교육을 할 수 있다. 소중한 시간을 투자해서 이 책을 읽기로 결심했다면 '능동적'으로 읽고 실천해야 한다.

나의 비전은 전국의 모든 양육자가 아이에게 성교육을 잘할 수 있도록 돕는 것이다. 이 책을 출간한 이유도 바로 그 때문이다. 모쪼록 이 책이 아이 성교육이 막막하거나 힘들 때면 언제든 펼쳐볼 수 있는 친절한 안내서이자 교과서가 되기를 바란다.

'성교육은 나를 사랑하고 내 아이를 가장 올바르게 사랑하는 방법'이다. 이 책을 통해 자신과 아이 성교육에 대한 시작과 완성에 모두 성공하길 응원한다.

성교육이 먼저다!

이석원

차례

2장 성 인식 점검 포인트

나는 성에 대해 얼마나 알고 있나?

3장 연령별 성교육(2~6세)

유아도 성적 존재다

4장 연령별 성교육(7~12세)

아동기 성교육은 문화로 접근하라

5장 연령별 성교육(13~18세)

청소년기 성교육은 대화로 해결하라

6장 상황별 대처 방법

이럴 땐 이렇게 대처하자!

양육자들이 가장 많이 하는 질문 베스트 5

성 인식 체크리스트 10

문항	문항 내용	○	×
1	발기는 성적으로 흥분할 때만 되는 것은 아니다.		
2	자위하면 키가 크지 않는다.		
3	포경수술은 건강을 위해 하는 게 좋다.		
4	생리하면 키가 크지 않는다.		
5	피임을 하더라도 임신할 수 있다.		
6	키스나 성 접촉으로도 성병에 걸릴 수 있다.		
7	멋진 남자는 여성을 잘 챙겨주고 보호해주는 남자다.		
8	성폭력은 피해자에게 어느 정도 책임이 있다.		
9	성관계 촬영에 동의했다면 유포되었을 때 조금은 책임이 있다.		
10	성교육은 적나라하게 다 알려주는 것이 좋다.		

답

1	○	2	×	3	×	4	×	5	○
6	○	7	×	8	×	9	×	10	×

결과 보기(맞은 개수)

7~10개 : 건강한 초록불! 성에 대해 편견 없이 건강한 인식을 가지고 있다. 자신의 건강한 성 가치관을 주변에 널리 알려주자.

4~6개 : 공부의 노란불! 성에 대한 건강한 인식은 있지만, 조금 더 노력이 필요하다.

1~3개 : 노력의 빨간불! 이제부터 성을 공부하고 건강한 성 인식을 갖기 위해 노력해보자.

1장

성교육 현주소

양육자에겐 성교육이 필요하다

♀♂

남자인 나는 어째서 성교육 전문가가 되기로 결심했나?

"어떻게 성교육 강사가 되었나요?"

현재 나는 남자 성교육 강사이자 성교육 전문 기관 자주스쿨의 대표다. 성교육 강사의 대부분이 여자인 세계에서 남자 강사로서 활발히 활동하며 꾸준히 성장하고 있다. 성교육 강의를 진행하며 자주 듣는 말이 두 가지 있다.

"어떻게 남자인데 성교육 강사가 되었나요?"

"결혼도 하지 않은 분이, 양육자 성교육을 잘할 수 있나요?"

나는 2007년, 서울과학기술대학교에 재수해서 들어갔다. 1학년 때는 진로를 놓고 방황하느라 제대로 공부하지 않았고 휴학하고 바로 군대를 다녀왔다. 그리고 다시 대학에 복학했다. 하지만 집안 사정이 좋지 않아 1학년 두 학기에 이어 세 번째 국가장학금과 생활비를 받았다.

당시엔 장학금만이 나의 유일한 희망이었다. 생활비를 벌기 위해 주말이면 아르바이트를 했고, 평일 학교 수업이 끝나면 도서관에서 종일 공부에 전념했다. 하루에 거의 네다섯 시간 정도만 잤다. 그 결과 첫 학기에는 2등 반액 장학금, 그 뒤로는 4회 연속 1등 전액 장학금을 받게 되었다.

그렇게 바쁜 와중에도 외로움을 잘 참지 못하는 성격이라 꾸준히 연애를 했다. 나름 체육학과를 다니고 뭐든지 성실히 잘한다고 생각하는 자부심도 있었다. 그전부터 성에 대해 관심이 많았고 여성에 대해서도 잘 알 거라고 크게 착각했다. 그 무렵 나는 머리부터 발끝까지 사랑스러운 여자 친구를 만났지만, 행복한 나날도 오래가지는 못했다. 여자 친구와 연애와 성 문제로 대화가 잘 안 되었고 결국 헤어지게 되었다.

자존감이 지하 밑바닥이던 순간에 엄마가 있었다

한동안 여자 친구와 헤어진 현실을 받아들이지 못했다. 헤어졌다는 사실이 믿어지지 않았다. 처음에는 표현을 잘 하지 않는 소심한 여자 친구의 문제라고 생각했지만 알고 보니 결국 내 잘못이었다. 성과 소통 문제로 평화롭던 사이가 서서히 금이 가기 시작하더니 결국 깨져버렸다. 서로 의견 차이가 있었고 그때마다 날카로운 말을 주고받았다.

결국, 그녀의 결별 선언을 듣고 1톤 망치로 머리를 얻어맞은 것처럼 충격을 받았다. 하늘 높은 줄 몰랐던 나의 자존감은 바닥을 뚫고 지하로 처박혔다. 그동안 여자에 대해 잘 안다고 우쭐했던 나의 모습이 부끄러웠고 여자 친구에게 진심으로 미안했다.

그 이후 며칠 동안 밥도 못 먹고 잠을 자지 못했다. 해골처럼 얼굴이 점점 야위어갔다. 엄마는 그런 나를 보며 걱정했지만 한 번도 나무라거나 혼내지 않았다. 묵묵히 기다려주었다. 드디어 어느 날 엄마에게 여자 친구와 헤어진 일에 대해 솔직히 이야기했다. 그러자 엄마는 나에게 이렇게 말했다.

"어릴 때부터 공부가 중요하다며 열심히 벌어 너를 학원에 보냈지만, 정작 가장 중요한 사랑과 인간관계에 대해 잘 알려주지 못했구나. 엄마가 많이 미안해. 이제부터라도 사랑하는 사람을 배려하고 존중하는 방법에 대해 공부하는 건 어떻겠니? 함께 책이라도 사서 같이 보고 공부해보자. 엄마가 큰 도움을 주지는 못하지만, 지금처럼 항상 아들 편이 되어 응원해줄게."

엄마의 따뜻한 위로의 말에 나는 다시 일어설 수 있었다.

뒤늦게 시작한 성 공부로 성교육 강사가 되다

엄마의 말을 들으며 문득 이런 생각이 들었다.

'학교에서 국, 영, 수 같은 과목은 잘 가르쳐주는데, 왜 나에게 여자를 사랑하고 존중하는 방법에 대해서는 알려주지 않았을까? 내가 성

과 사랑에 대해 알려주는 성교육을 제대로 받았다면 어땠을까?'

그 이후에 학교에서 성, 사랑, 관계에 대한 책을 도서관에 쌓아놓고 미친 듯이 읽기 시작했다. 알랭 드 보통의 《왜 나는 너를 사랑하는가》, 게리 채프먼의 《다섯 가지 사랑의 언어》 등 수많은 책을 섭렵하며 두 가지 사실을 깨달았다.

첫째는 내가 여자에 대해 뭣도 모르고 있었구나 하는 것이었고, 둘째는 다음에 만나는 여자 친구에게는 상처 주지 말고 잘해야겠다는 자각이었다. 엄마뿐만 아니라 그때 대외 활동을 했던 곳의 선생님 조언으로 성 관련 커뮤니티를 만들고 공부하고 강의하기 시작했다. 그 이후 내 강의가 입소문에 입소문을 낳아 전국을 다니며 강의하기 시작했고, 어느새 성교육 강사이자 자주스쿨이라는 성교육 전문 기관의 대표가 되어 후배를 위해 성교육 강사를 양성하고 있다.

엄마의 따뜻한 조언에서 비롯되었던 작은 시작이 나를 성교육 강사로 만들었다. 만약 그때 엄마가 나를 그냥 내버려두었다면 나는 성교육 강사가 될 수 없었을 것이다. 그리고 이렇게 책을 쓰는 귀한 기회도 얻을 수 없었을 것이다.

"결혼하지 않은 분이 양육자 성교육을 잘할 수 있나요?"

가끔 결혼하지 않은 사람이 양육자 성교육을 잘할 수 있느냐는 질문을 받는다. 그때마다 나는 이렇게 답한다.

"맞습니다. 제가 양육자였다면 아이를 좀 더 잘 이해하고 교육할 수도 있겠죠. 그런데 혹시 법륜 스님이 부부 상담을 하는 사실을 아시나요? 결혼도 하지 않은 분에게 왜 수많은 부부들이 상담을 요청할까요? 초등학생 성교육을 잘하려고 초등학생이 될 필요는 없겠죠? 꼭 그 입장이 되어야만 잘하는 것은 아닙니다."

아직 결혼하지 않은 내가 양육자 성교육을 잘할 수 있는 이유는 두 가지다.

첫째, 지금 엄마와 소통이 잘되고 친밀하기 때문이다.

엄마와 성에 관해서 거리낌 없이 대화를 잘하다 보니, 양육자나 아이에게 성을 전달하는 면에서 수월하다. 원활한 소통의 비법 중 하나는 바로 일상적인 대화를 편하게 나누는 것이다. 일상적인 대화를 나누며 서로 공감대를 자연스럽게 형성해야 성교육도 잘한다는 것을 엄마를 통해 배우게 되었다.

둘째, 따뜻한 공감 능력과 끝없이 노력하는 태도다.

아이들은 양육자에게 하지 못했던 성 이야기를 처음 만나는 나에게 진심을 담아 이야기한다. 음란물에 중독되었던 한 중학생 아이가 내 성교육을 듣고 자신의 고민을 솔직히 털어놓았다.

"제 고민은 엄마한테도 말 못 해요. 그런데 선생님과 대화를 나누다 보니 야동(음란물)을 이길 힘을 얻었어요. 편견 없이 들어주셔서 고맙습니다."

물론 내가 양육자가 아니므로 놓치는 부분도 있다. 이런 부족한 부분을 채우기 위해서 나는 남들보다 몇 배 이상으로 노력한다. 성에 대한 공부뿐만 아니라 철학, 사회, 역사, 문화 등 지금도 밤잠을 줄이며 공부한다. 똑같은 강의안은 쓰지 않으며, 늘 트렌드를 파악하여 그때그때 강의 자료를 바꾸어나간다. 강의 후 좋지 않은 평가를 받을 때는 이를 적극적으로 반영해 다음 강의에서 미비한 부분을 수정, 보완한다. 이렇게 끝없이 노력한 결과 한 교육지원청에서 약 100명을 대상으로 진행했던 양육자 성교육 강좌에서 '만족도 100%'를 받기도 했다.

따뜻한 공감 능력과 끝없이 노력하는 태도 덕분에 양육자와 아이 사이를 이어주는 아름다운 다리인 성교육 강사가 될 수 있었다. 내가 엄마를 통해 변화하고 성장했듯이, 양육자의 진심 어린 말과 성교육이 당신의 자녀를 멋지고 아름답게 성장시킬 것이다.

♀♂

우리 아이 성교육, 누가 언제부터 시작할까?

음란물에 쉽게 노출된 아이들

스마트폰의 대중화와 SNS의 발달로 우리는 디지털 홍수 속에 살고 있다. 과학기술정보통신부와 한국정보화진흥원이 발표한 '2018 스마트폰 과의존 실태조사'에 따르면, 우리나라는 만 3세 이상 국민 10명 중 9명이 스마트폰을 보유하고 있으며 3~9세(유아동) 아이들의 과의존 위험군(스마트폰 및 인터넷에 대한 의존으로 인한 위험상태)은 무려 20.7%인 것으로 나타났다. 이는 전년 대비 1.6% 증가한 수치로, 유아동의 증가폭이 전 연령대에서 가장 높다.[1)]

이 조사 결과가 알려주듯 현재 유아동은 그 어느 세대보다도 더 빠르게 자극적이고 음란한 성에 쉽게 노출되고 있다. 특히 유튜브 같은 경우에는 무작위로 노출되는 경우가 많아, 유아들의 피해가 심각히 우려된다.

한 아빠는 6세 딸이 인형을 좋아해 유튜브에서 장난감 인형 관련 영상을 자주 보여주었다. 그러다 어느 날 딸이 보는 유튜브 영상을 보고 경악을 금치 못했다. 추천 영상에 "성인용품 이거 진짜 넣어봐도 돼요?", "어른 장난감 바이브레이터 후기"가 떴는데 딸이 아무것도 모르고 그 영상을 보고 있었던 것이다.

이렇게 특별한 제재 없이 무차별적으로 노출되는 음란물에 그간 숱한 문제 제기가 있어왔다. 하지만 그때마다 해당 업체들은 '광범위한 표현의 자유'를 이유로 근본적인 대책을 마련하지 않았다.

아무것도 모를 것 같은 유아기 아이들도 음란물에 중독될 수가 있다. 행위만을 보여주는, 자극의 강도가 센 음란물을 보면서 그 생각에 집착하게 되고 해보고 싶다는 충동에 사로잡히게 된다. 아직 성에 대한 개념이 없고 도덕적 판단이 약한 아이들은 보이는 그대로 충동적인 행동으로 표출할 수 있기 때문이다.[2)]

이렇게 유아마저도 음란물을 보고 따라 하고 있는데 가정에서의 성교육은 거의 이뤄지지 않고 있다. 양육자는 "아기는 어떻게 태어나?"라는 아이들의 질문에조차 제대로 답을 못 하는 실정이다. 양육자부터 아이 앞에서 스마트폰에 대한 사용을 최대한 자제해야 하고 규칙을 세워야 한다.

성교육이라는 예방주사를 통해 아이들이 음란물을 보게 되더라도 양육자에게 바로 이야기하거나 이길 힘을 길러줘야 한다. 유네스코

(국제연합교육과학문화기구)의 국제 성교육 지침서는 다섯 살 때부터 성교육을 시작하라고 권고한다. 이제 일찍부터 성교육이 필요할 때다. 그렇다면 아이의 성교육은 언제부터, 누가 시작해야 할까?

성교육은 태어나면서부터, 일상에서 시작해야 한다

성교육을 언제부터 시작하면 좋을지에 대해 많은 양육자들이 물어본다. 여기에 대한 대답은 강사마다 천차만별이고 다양하다. 나는 성교육의 시기를 묻는 질문을 받을 때마다 성교육은 태어나자마자 시작하는 것이고 양육자가 함께해야 하는 것이라고 대답한다. 성교육의 시작은 아이가 태어날 때부터다. 성교육은 인간이 태어나는 순간부터 시작되어 사회화되어가는 과정에서 끊임없이 계속되는 인간 교육인 까닭이다. 그래서 성교육은 갓 태어난 시절부터 노년기에 이르기까지 가정, 학교, 사회에서 함께 이어가는 생애 교육이자 평생교육으로 나아가야 한다.

성교육은 어느 날 갑자기 '성교육해야겠다!'라고 마음먹고 시작하는 것이 아니다. 태어나면서부터 양육자와 함께 시간을 보내고 일상생활에서 느끼는 모든 것이 성교육이 될 수 있다. 아이에게 성 지식과 함께 규칙에 대해 잘 알려주는 시기는 아이가 어느 정도 의사 표현이 가능한 3~4세가 적당하다.

아이가 양육자가 하는 말귀를 알아듣고 주변 상황을 인지할 줄 안다면 성 지식을 포함한 구체적인 성교육을 할 수 있다. 성교육은 지식

교육과 함께 생활교육이라는 측면에서 양육자의 역할이 매우 중요하다. 양육자는 다양한 각도로 성을 배우고 올바른 성 지식, 성 태도, 성 인식을 갖추어야 한다. 이를 통해 아이의 올바른 성 행동이 일상에서 나타나도록 도와야 한다.

성교육은 양육자 모두에게 책임이 있다

양육자 대상으로 성교육을 진행하면 청중의 95%가 엄마다. 간혹 가뭄에 콩 나듯 아빠들이 참석한다. 저녁에 아빠만을 대상으로 성교육을 진행했지만, 엄마와 비교하면 참석률이 현저히 떨어진다. 물론 직장을 다니다 보면 참석하기가 쉽지 않다.

근데 엄마들의 경우 직장을 다니면서도 빠짐없이 참석을 잘한다. 심지어 휴가를 내면서까지 성교육을 들으러 오는 양육자도 있다. 결국, 직장과 성교육 강의 참석률은 별개의 문제다.

엄마와 비교해 아빠의 참석률이 매번 낮은 이유는 무엇일까? 보통 아이에 관한 관심과 교육은 기본적으로 엄마의 의무이자 영역이라고 생각하기 때문이다. 하지만 성교육은 양육자 모두에게 책임이 있다.

아빠가 일 때문에 바쁘다고 해서 아이 성교육에 소홀해서는 안 된다. 성교육은 양육자의 평등한 관계 속에서 이뤄져야 아이가 자연스럽게 받아들이기 때문이다. 성교육은 엄마만의 것, 아빠만의 것이 아닌 '모두의 것'이라는 의식의 변화가 필요하다. 한 사람에게만 성교육을 담당하면 다른 한 명에게 말하기 불편하거나 조심해야 한다는 인식을 줄 수 있다. 양육자가 함께 성교육을 해야 아이들도 성교육을 특별하게 느끼지 않고 편견 없이 받아들일 수 있다.

성교육에 참여하는 아빠가 분위기를 바꾼다

한 기업에서 이른 아침에 양육자를 대상으로 성교육을 진행한 적이 있다. 엄마와 아빠 편을 각각 나누어 진행해달라고 요청받았다. 먼저 엄마 대상으로 성교육을 진행했다. 엄마만 듣는 강의라 참석자 모두가 여성이었다. 그런데 그중 말끔하게 정장을 입고 들으러 온 중년의 남성 한 분이 있었다. 처음에는 행사 관계자인 줄 알았는데 알고 봤더니 기업의 대표였다.

그날 성교육 강의를 잘 마치고 다음 주에 아빠를 대상으로 성교육을 진행했다. 엄마 때 진행한 것보다 참석 인원이 반 이상 줄었다. 기업 대표는 역시 그날도 성교육 강의를 들으러 나왔다. 강의 시작 전에 대표는 자녀를 둔 여성과 남성의 직원 수가 거의 비슷하다고 말했다. 그러면서 자신이 그렇게 홍보했는데도 '아빠' 직원이 반만 올 줄은 몰랐다며 무척 아쉬워했다. 나는 대표에게 말했다.

"대표님, 아빠가 반이나 왔으면 엄청나게 잘 참석한 것입니다. 보통 엄마와 비교하면 아빠는 현저히 적게 참석해요. 이 정도면 거의 기적입니다. 대표님이 성실히 참석하시고 또 성교육에도 관심이 많아 직원분들도 이렇게 많이 참석한 것입니다."

그제야 대표도 조금 안심을 했다. 초롱초롱한 눈빛으로 아빠들도 내 성교육을 잘 들었고 엄마 성교육과 마찬가지로 높은 만족도 평가를 받았다.

강의를 마치고 기업 대표와 잠깐 차를 마시며 이야기를 나눴다. 회사를 돌아다니며 직원을 만날 때마다 대표는 먼저 환하게 인사를 건넸다. 대표와 직원이지만 편안하고 친절한 분위기가 조성되어 있었다. 기업 내 육아휴직 제도도 잘 마련되어 있어 직원들이 눈치 보지 않고 이용하고 있었다.

대표는 주말이면 자녀들과 함께 여행을 가고 성교육 책을 사서 같이 읽는 등 자녀 성교육에도 헌신적이었다. 대표가 자녀 성교육에 적극적이고 열성적이라 직원들도 많이 참석할 수 있었다. 회사뿐만 아니라 가정에서도 성교육을 잘하고 있는 그분의 자세가 존경스러웠다. 덕분에 나도 훌륭한 마인드를 배우게 되었다.

아이들의 성교육은 양육자가 함께 해야 한다. 지금 바로, 내 자녀를 위한 성교육에 부부가 함께 참여하자.

♀♂

양육자도
제대로 모른다!

"크면 다 알아" 방임하는 가정 성교육

성교육 강의를 통해 전국을 다니며 수십만 명의 양육자를 만났다. 양육자들이 성교육에 대해 가지고 있는 큰 고민은 거의 비슷했다. '내 아이에게 도대체 어떻게 성교육을 할지 모른다'는 것이다. 국, 영, 수 같은 일반 과목은 자신이 아는 선에서 조금이라도 아이에게 알려줄 수 있는데 성교육만큼은 양육자가 어떻게 가르쳐야 할지 부담스럽고 어려워했다. 그럼 왜 양육자는 아이에게 성교육하는 것을 어려워할까?

먼저 그동안 자신이 받았던 성교육을 한번 떠올려보자. 예전에 받았던 성교육이 지금도 기억에 남아 있는가? 그리고 그 성교육은 지금 내가 아이에게 성교육하는 데 도움이 되고 있는가?

한국여성정책연구원이 19세 이상 1,840명을 대상으로 설문조사를 한 보고서에 따르면 전체 응답자의 52.5%만이 '학교에서 성교육을 받았다'라고 답했다. '생각이 나지 않거나 모르겠다'라고 답한 비율도 20%였다. 성교육을 받았다고 응답한 사람 중 '도움이 되지 않았다'라고 대답한 비율은 66.7%였다. '도움이 됐다'라는 응답은 33.3%에 불과했다.[3)]

양육자인 내가 내 아이에게 성교육을 하기 어려운 가장 큰 이유는 지금까지 가정, 학교, 사회에서 성교육을 제대로 받아본 적이 없었기 때문이다.

양육자에게 가정에서 성교육을 받았냐고 물어보면 손을 드는 양육자가 거의 없다. 약 1,000명 앞에서 강의하며 물어봤을 때도 기껏 서너 명이 손을 들었을 정도다. 한 엄마는 속상해하며 이렇게 말하기도 했다.

"초등학교 때 엄마와 아빠에게 '아기는 어떻게 생겨?'라고 물어본 적이 있었어요. 그런데 저희 엄마와 아빠는 '크면 다 알게 돼 있어. 왜 그런 걸 자꾸 물어봐? 그 시간에 공부나 해!'라며 회피하거나 윽박질렀어요. 성에 대한 궁금증을 해소하기는커녕 혼이 나니까 짜증나고 속상했습니다. 그 이후에 또 이런 잔소리를 들을까 봐 다시는 성에 대해 질문하지 않았어요."

비단 이 엄마뿐만이 아니라 이 글을 읽고 있는 여러분도 비슷한 경험이 있을 것이다. 어렸을 때 양육자로부터 '성은 조심해야 하고 숨겨야 하는 것'으로 배웠다. 가정에서 양육자는 아이가 묻는 성에 대한 궁금증을 어느 정도 해결해줘야 하고 건강한 성 가치관을 형성하도록 도와야 하지만, 안타깝게도 성은 부끄럽고 감춰야 한다는 걸 양육자에게 가장 먼저 배우고 말았다.

지도 방법을 몰라 가장 힘들어한다

2016년, EBS <LIVE TALK 부모>에서 양육자를 대상으로 조사한 결과에 따르면, 성교육이 어려운 이유는 다음의 네 가지 순위로 나타났다.

| 성교육, 이래서 어렵다! |

1위(190)	지도 방법을 몰라서
2위(35)	부끄럽고 쑥스러워서
3위(13)	지식이 부족해서
4위(8)	교육 자료가 부족해서

출처 : EBS 〈LIVE TALK 부모〉 (2016. 10. 13.)

나는 직접 현장에서 성교육할 때 위 네 가지 보기를 보여준다. 그러면 반 이상의 양육자들이 2번 '부끄럽고 쑥스러워서'를 고른다. 아이들한테 성에 대해 말하기 부끄럽고 민망해서 성교육하기 힘들다고 생각하는 것이다.

그러나 실제 조사결과를 보면 의외로 '지도 방법을 몰라서'가 77%로 압도적으로 1위를 차지한다. 성교육이 필요하다는 것은 알고 있지만 내 아이에게 어떻게 교육할지를 모른다는 의견이 가장 많다.

왜 그런 걸까? 부끄럽고 쑥스러운 이유도 성교육을 제대로 받지 않아 성을 자연스럽게 느끼지 못하기 때문이다. 성에 대한 지도 방법을 체계적으로 교육받았다면 우선 나부터 성이 자연스럽고 편해진다. 그러면 아이에게 성교육을 할 때도 좀 더 편하고 담담해진다.

주변에 아무리 성교육 자료가 넘치고 내가 성 지식을 많이 갖추고 있어도 지도 방법을 제대로 알지 못한다면 아이에게 올바른 성교육을 하기가 어렵다. 아이에게 단순히 성 지식만을 알려주는 것은 마치 영어 회화 능력을 키우기 원하는 사람에게 무작정 토익 시험을 준비하라는 것과 마찬가지다.

영어 회화도 방법을 잘 알려줄 선생님이 필요하듯이, 양육자에게 현실적이고 올바른 지도 방법을 알려줄 전문가가 필요하다. 영어로 말하기 어려운 사람은 우선 영어로 말하는 것에 대한 두려움을 줄여주고 자신감을 키워주는 것이 먼저다. 성교육도 양육자가 먼저 올바른 지도 방법을 배우고 자신감부터 키워야 한다. 그리고 아이의 발달 상태에 따라 성 지식을 전하고 교육하면 되는 것이다.

제대로 배운 양육자가 제대로 가르친다

그동안 양육자도 성교육을 제대로 받아본 적이 없어서 어떻게 해야 할지 막막했다. 하지만 지금도 전혀 늦지 않았다. 내가 성교육 강의를 마치고 정말 잘했다고 보람을 느낄 때가 있다.

"강사님의 강의를 듣자마자 추천해주신 성교육 교재를 바로 샀어요. 그리고 유튜브에서 강사님 성교육을 찾아 꾸준히 복습 중이고 아이에게 작은 것부터 대화를 시작했어요. 저는 제대로 교육받지 못했지만, 우리 아이에게는 올바르고 건강한 성교육을 제가 꼭 해주고 싶어서요. 저에게 아이 성교육에 대한 동기부여를 해주셔서 고맙습니다."

이렇게 내 성교육 강의를 듣고 양육자가 변하고 바로 실천하는 모습을 보았을 때 정말 보람을 느낀다. 놀라운 건 아이를 위해 성을 공부하다 보면 양육자 자신부터 성과 친해진다는 것이다. 양육자부터 성과 친해지면 자녀 성교육도 수월해진다. 그래서 양육자부터 먼저 성을 공부해야 한다.

♀♂

성폭력 교육의 패러다임을 바꿔야 한다

매해 늘어가는 아동 · 청소년 성폭력 피해자와 가해자

하루가 멀다 하고 성폭력 사건이 일어나고 폭력 수위도 심해지고 있다. 게다가 사회에서 성을 바라보는 민감성이 올라가자 양육자들의 걱정이 이만저만이 아니다. 예전만 하더라도 딸을 키우는 양육자들이 혹시 내 딸이 성폭력을 당할까 봐 많이 불안해했다.

그런데 요즘은 아들을 키우는 양육자들의 불안감도 딸 못지않게 높다. 아들 양육자의 경우 혹시 내 아이가 여자아이를 잘못 만져서 성폭력 가해자가 될까 봐 노심초사하는 것이다. 예전과 다르게 성에 대한 민감성의 향상으로 언제, 어디서든지 내 아이가 성폭력의 가해자 또는 피해자가 될 수 있다.

| 초·중·고교 내 성폭력 관련 피해자 수 |

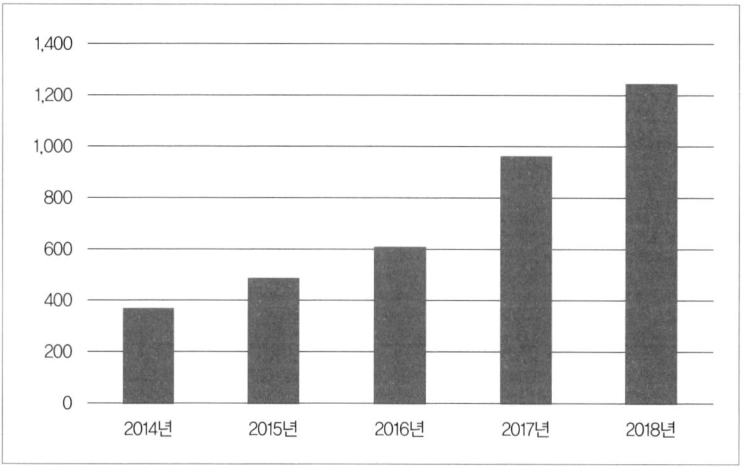

출처 : 서울시교육청 / 단위 명

| 학폭위에서 다뤄진 학교 급별 성폭력 심의 건수 |

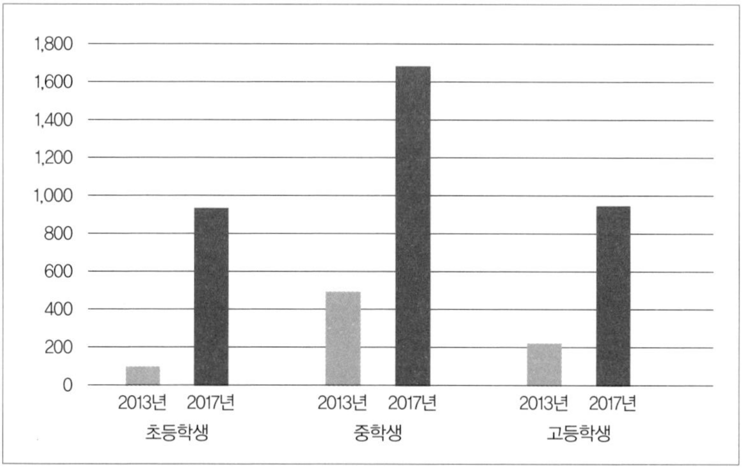

출처 : 교육부 / 단위 명

2019년 서울시교육청에 따르면 초·중·고교 내 성폭력 관련 자치위원회에서 피해자로 분류된 학생 수는 2014년 372명, 2015년 490명, 2016년 610명, 2017년 966명, 2018년 1,251명으로 지속적으로 증가했다. 5년간 학교 내 성폭력 피해 학생 수가 '약 세 배' 이상 많아진 것이다. 학생 성폭력 자치위원회 심의 건수도 2014년 284건, 2015년 335건, 2016년 385건, 2017년 598건, 지난해 718건으로 꾸준히 늘었다.[4] 통계에서 보듯이 아이들의 성폭력 피해 신고가 매년 꾸준히 증가하고 있다.

아이들이 가해자가 되는 경우도 계속 증가하고 있다. 2018년 교육부가 발표한 '학교폭력대책자치위원회 심의 현황'에 따르면 학폭위에서 다뤄진 성폭력 심의 건수는 2013년 878건에서 2017년 3,622건으로 5년 새 '약 네 배'나 증가했다. 중학생 성폭력 심의 건수는 4년 새 세 배, 고등학생은 네 배 올랐지만, 초등학생은 2013년 130건에서 2017년 936건으로 무려 일곱 배나 늘었다.[5]

예전과 달라진 세상, 성에 대한 민감성이 올라갔다

내가 어릴 때는 동네 아저씨와 아줌마들이 "남자아이가 왜 이렇게 예쁘고 귀엽니? 고추 한번 만져보자"라며 그렇게 내 음경을 만졌다. 특히, 동네에 어떤 할머니들은 나를 볼 때마다 귀엽다며 내 음경을 보여달라고 했다. 그러고는 "고추 귀엽네. 따먹어보자"라고 말한 적도 있었다. 곁에 엄마가 있을 때는 엄마가 하지 말라고 말렸다. 하지만 엄마가 밖에 일을 나가서 나 혼자 있을 때는 그럴 수도 없었다.

비록 아주 어릴 때였지만 나는 지금도 그때 일이 어렴풋이 기억난다. 워낙 어리기 때문에 잘 표현하지는 못했지만 부끄러웠고 불쾌했다. 지금도 가끔 그때의 기억이 불쑥 떠오른다. 아마 나뿐만 아니라 많은 남성이 같은 일을 겪었을 것이다. 그때는 어르신과 어른들이 아이의 음경을 만지는 것에 대해 이상하다고 생각하지 않았다. 이런 행동이 잘못된 것이고 성폭력일 거라고는 인지하지 못했기 때문이다.

만약 지금 어른이 아이를, 아이가 아이를 이렇게 만지면 어떻게 될까? 모르는 사람이든 아는 사람이든 성추행으로 신고할 수 있다. 예전과 달리 성인지 감수성이 올라갔기 때문이다. 한 어르신은 놀이터에서 놀고 있는 여자아이를 보고 귀여워서 볼을 살짝 만졌다. 그 장면을 보고 양육자는 아이가 성추행을 당한 것으로 생각해 경찰에 신고했다.

가정에서 '성인지 감수성' 높이기

'성인지 감수성(gender sensitivity)'이란 성별 간의 불균형에 대한 이해와 지식을 갖춰 일상생활 속에서 겪는 성차별적 요소를 감지해내는 민감성을 말한다. 이러한 문제점을 극복해낼 대안을 찾아내는 능력까지도 포함한다.

평소와 같이 양육자 성교육 강의를 하는데 한 엄마가 이렇게 말했다.

"강사님, '옷깃만 스쳐도 인연'이라는 속담 아시죠? 원래는 작은 만남도 인연이 될 수 있다는 좋은 뜻을 가진 의미잖아요? 근데 저는 요즘 세상을 보면 옷깃만 스쳐도 인연이 아닌 것 같아요. 아이들끼리 놀다가 만진 것도 성폭력이 된다고 하잖아요."

그 말을 듣던 옆의 학부모는 최근 아들이 들려준 이야기를 전하면서 달라진 세태를 실감했다고 털어놓기도 했다.

"하루는 제 초등학생 아들이 교실에서 친구들끼리 술래잡기하고 놀았어요. 서로 잡고 놀다가 여학생의 옷을 잡았는데, 여자아이가 갑자기 '너 성폭력이야! 신고한다?'라고 말했대요. 아이가 그런 말을 하니까 어찌나 불안하던지…… 제가 할 수 있는 말이 고작 '앞으로는 여자아이들과 놀지 마!'라는 말뿐이었습니다."

이렇게 사회적으로 성인지 감수성에 대한 민감성이 향상되다 보니 걱정이 느는 양육자가 많다. 하지만 다르게 생각하면 '이렇게 바뀐 세상이 원래는 상식적이고 올바른 세상'이다. 누구도 다른 사람의 몸을 동의 없이 함부로 만지면 안 된다. 그게 아이든 어른이든 마찬가지다.

이제 더는 예전처럼 "네가 예쁘고 좋아서 그런 거야"라는 잘못된 말로 폭력을 정당화하지 말자. 정말 예쁘고 좋다는 이유만으로 다른 사람 괴롭히거나 함부로 만지는 게 온당한가? 이런 이중적이고 잘못된 성규범을 바꿔나가야 한다. 그리고 사람을 인격적으로 존중하는 사회가 되어야 성폭력을 줄일 수 있다.

이런 사회를 만들기 위해 가장 중요한 것은 가정에서 양육자의 역할이다. 이제는 가정에서 양육자가 성교육을 통해 아이의 '성인지 감수성'을 높여야 한다. 그러기 위해서는 양육자부터 성폭력에 대해 올바르게 이해하고 감수성을 높여야 한다. 사회의 성인지 감수성이 향상된 만큼 양육자의 성인지 감수성도 높이고 성교육을 해야 아이들을 성폭력으로부터 보호할 수 있다.

인식의 전환이 필요할 때

나는 성교육 강의 때마다 기존의 성폭력 예방 교육에는 많은 한계가 있고 패러다임이 바뀌어야 한다고 말한다. 그동안의 성폭력 예방 교육은 피해자가 조심해야 한다는 교육이 대부분이었다. 그래서 항상 아이들에게 성폭력 대처 방법으로 피해자가 조심하라는 교육을 해왔다. 하지만 이런 교육은 큰 도움이 되지 않는다.

성폭력은 피해자가 조심하지 않아서 일어나는 것이 아니라 가해자가 범행하기로 마음먹었기 때문에 일어나는 것이다. 그리고 성적 수치심을 피해자에게 강요해서도 안 된다. 성적 수치심과 굴욕감을 느껴야 하는 건 피해자가 아니라 가해자이기 때문이다. 따라서 성폭력은 피해자 예방에 초점을 맞출 게 아니라, 가해자 '방지'에 초점을 맞춰야 한다.

보통 유아동 대상으로 성폭력 예방 교육을 하면 "모르는 사람이 내 몸을 만지면 어떻게 해야 해요?"라고 묻는다. 이렇게 묻자마자 아이들은 자동응답기처럼 바로 "안 돼요! 싫어요! 도와주세요!"라고 크게 말한다. 듣다 보면 마치 돌림 노래 같다. 성폭력 상황에서 아이들이 적극적으로 저항해야 한다고 교육받은 것이다.

이런 성폭력 예방 교육은 문제점이 많다. 아동이 성폭력 상황에서 어떻게 '대처'해야 하는지만 이루어진 것이다. 유아동 성폭력은 가해자의 힘이 더 강할 때 일어나는 범죄 행위라 아동이 자기 몸을 스스로 보호하는 게 거의 불가능하다. 게다가 성폭력 상황에서 소리를 지르지 못하거나 싫다고 말하지 못한 아동에게 책임이 있다는 잘못된 메시지를 줄 수 있다.

결국, 이런 교육의 가장 큰 문제는 피해자에게 죄책감을 심어준다는 것이다. 조심해야 한다는 교육만 받은 아이는 결국 양육자나 선생님이 말한 대로 하지 못해 이 일이 일어났다고 자책하게 된다. 그럼 성폭력 상황이 생겼어도 양육자나 선생님에게 선뜻 말하지 못한다. 특히 여성들은 가정이나 학교에서 "밤늦게 돌아다니지 마. 옷차림을 조심히 하고 다녀. 여성이니까 조심해야 해"라는 말을 수없이 들어왔다. 그러나 이렇게 여성을 조심시키는 교육은 틀렸다.

그리고 성폭력은 모르는 사람보다 '아는 사람'에 의해 더 많이 발생한다. 한국성폭력상담소의 〈2018년 한국성폭력상담소 상담통계 및 상담 동향분석〉에 따르면 아는 사람에 의한 피해가 86.5%다.[6] 아는 사람일 경우에는 이렇게 강하게 거절의 의사를 표현하는 것이 더욱 어렵다.

아이 성폭력 예방 교육의 올바른 방향, 경계 존중 교육

아동 성폭력 예방 교육은 피해 상황에서의 대처뿐만이 아니라 성폭력이 발생하지 않도록 사전에 방지하는 것이 중요하다. 특수한 상황에서가 아니라 일상생활에서 성폭력을 방지하기 위해 노력해야 한다.

가장 좋은 방법은 아이가 평소 사람들과의 관계에서 자신의 감정이나 생각을 솔직하게 표현하도록 훈련하는 것이다. 이 방법에 대해 잘 알려줄 수 있는 것이 바로 '경계 존중 교육'이다. 한국양성평등진흥원의 이현혜 교수는 아동 성폭력 도서 《좋아서 껴안았는데, 왜?》에서 성폭력 사전 예방을 위한 '경계 존중 교육'을 다음과 같이 설명하고 있다.

> 아동 성폭력 예방을 위해 '경계'를 지키는 것이 중요해요. '경계(boundary)'란 눈에 보이지는 않지만, 누구나 존중받아야 하는 신체적, 물리적. 언어적, 정서적인 개인 영역을 의미합니다. 국가 간에 국경선이 있고, 길에는 차도와 인도가 구분된 것처럼, 개인 간에도 사적인 경계가 존재해요. 자기 스스로 나의 경계를 인식하고, 다른 사람의 경계를 함부로 넘지 않는 것이 중요하답니다. 그것이 바로 자신과 상대방에 대한 존중과 배려거든요.

가정에서 경계 존중 교육의 원칙을 세우고 다음과 같이 세 가지 방법을 아이에게 교육하자.

첫째, 자신의 경계를 존중받고 상대방의 경계도 존중하자.

둘째, 상대방이 자신의 경계를 침범하려고 할 때는 "싫어요! 안 돼요!"라고 말해도 괜찮다. 하지만 이런 말을 하지 못했다고 자신의 잘못은 아니다.

셋째, 상대방의 경계에 들어가거나 만지려고 하면 반드시 동의(허

락)를 구해야 한다. 상대방이 "싫어! 안 돼!"라고 말하면 그 감정을 존중하고 하지 않아야 한다.[7]

양육자는 가정과 일상생활에서 이런 경계 존중 교육을 아이에게 반복적으로 해야 한다. 이런 경계에 대한 감각이 길러져야 아이들이 성폭력인 상황을 빠르게 인지하고 대처할 수 있기 때문이다.

특히 아이가 성폭력에 대한 감각을 키우고 자기표현을 잘하려면 가정에서 대화 분위기를 만드는 게 중요하다. 편안한 분위기에서 평소 대화를 많이 하면 내 아이에게 무슨 일이 일어났는지 금방 알 수 있다. 이런 감각을 키우기 위해서는 양육자의 관심과 노력이 중요하다.

성폭력 예방 교육이 아닌 '성폭력 방지 교육'으로

나는 그동안 정부, 기업, 학교, 기관을 다니며 수천 회의 성폭력, 성희롱 예방 교육을 진행했다. 그때마다 아쉬운 게 있었는데 거의 모든 곳에서 직원들에게 항상 '성폭력 예방 교육'이라고 공지하는 것이다.

나는 성폭력에 예방이라는 말을 사용하지 않는다. 내가 운영하는 성교육 기관 자주스쿨에서는 성폭력 예방 교육이라고 하지 않고 '성폭력 방지 교육'이라는 말을 사용한다. 예방과 방지라는 말에는 큰 차이가 있기 때문이다.

'예방(豫防)'이란 잠재적인 문제나 질환, 그로 인한 후유증 등을 피하거나 최소화하도록 하는 일련의 노력을 가리키는 말이다. '독감 예방 주사', '재난 예방' 등 다양한 곳에 예방이라는 말을 쓴다. 하지만 예방

주사를 맞는다고 해서 독감이 안 걸리는 것도 아니고, 재난 예방 교육을 한다고 해서 모든 재난을 막을 수 있는 것은 아니다.

이와 다르게 '방지(防止)'란 어떤 일이나 현상이 일어나지 못하게 막는 것이다. 보통 '재발 방지 교육'이라는 말을 쓴다. 같은 일이 다시는 일어나지 못하도록 막는 것이다.

나는 성폭력에는 '방지'라는 말을 써야 한다고 생각한다. 성폭력은 아무리 교육해도 막을 수 없는 병이나 재난이 아니다. 어릴 때부터 누구나, 제대로 된 성폭력 방지 교육을 받는다면 성폭력이 일어나지 않도록 막을 수 있다.

'성폭력은 교육을 통해 충분히 방지할 수 있다'라는 인식이 사회에 널리 정착되어야 한다. 그래야 사회 인식이 바뀌어 교육이 많아지고 질이 높아질 것이다. 그에 따라 점차 늘어가는 성범죄도 줄일 수 있다.

♀♂

성교육은 인성교육이다

성교육은 인간관계의 바로미터다

성교육 강의를 통해 양육자들을 만나다 보면 해가 갈수록 참여하는 태도와 눈빛이 다르다. 성교육 강의를 듣는 내내 양육자의 눈에는 초강력 레이저가 나오는 것 같다. 심지어 어떤 엄마는 회사에 다니는데도 불구하고 휴가를 내면서까지 성교육을 들으러 온다. 휴가를 내고 강의에 참석한 한 엄마는 이렇게 말했다.

"강사님, 요즘은 성교육과 인성교육이 정말 중요한 것 같아요. 저는 아들을 키우는 엄마예요. 버닝썬 게이트 사건과 정준영 성폭력 사건을 보니까 너무 불안하더라고요. 아무리 자식 공부 잘 시켜놔도 인성이 부족해 성으로 일탈해버리면 한순간에 무너지잖아요. 어린 나이부터 성교육을 꼭 해야 한다고 생각합니다."

인터넷 기사를 유심히 보면 성과 관련된 사건, 사고가 수두룩하다. 이렇게 성은 어디에나 우리 곁에 가까이 존재하고 있다. "공부만 잘해서 성공하면 돼!"라는 과거의 사고방식과 달리, 이제는 성공보다 '인성'을 더 중요한 것으로 평가하는 사고방식이 점차 공감대를 형성하고 있다.

이 인성과 인간관계에 크게 영향을 미치는 것이 바로 성교육이다. 성교육은 기본적으로 인간관계에 대해 다루고 있으며 인성을 형성하는 데 크게 영향을 미치기 때문이다.

인성(人性)의 한자는 사람 인(人)에 성품 성(性)으로 사람의 성품을 뜻한다. 표준국어대사전에는 인성을 '각 개인이 가지는 사고와 태도 및 행동 특성'으로 정의하고 있다. 한마디로 인성은 인간다움을 갖추는 능력이다.

인성은 단순히 머리로 아는 지식의 영역이 아니다. 오랫동안 생활 속에서 배우고 가슴으로 느끼는 품성의 영역이다. 이런 인성에 대한 교육은 학교와 사회에서도 영향을 받지만, 가정생활에서 양육자의 말과 태도를 통해 가장 많이 영향을 받는다.

성교육이 인성에 중요한 이유는 생활 속에서 배우는 기본 생활 습관을 바탕으로 하고 있기 때문이다. '아무 데서나 옷을 함부로 벗으면 안 되는 이유, 서로를 존중하고 배려하는 말을 해야 하는 이유, 상대방을 만질 때 동의를 얻어야 하는 이유' 등 모두 기본적인 생활 교육을 바탕으로 하고 있다.

성은 인간관계와도 밀접하게 연결되어 있다. 인간은 성을 통해 자신을 드러내며 타인(가족, 친구, 연인 등)과 가장 친밀한 수준의 관계를 맺고 강한 유대 관계를 형성한다. 반면에 성은 죄의식, 수치심, 분노와 실망 같은 부정적인 감정을 일으키는 원인이 되기도 하며 성을 잘못 사용하면 상대방을 착취하고 공격하는 수단이 될 때도 있다.[8] 인성과 인간관계에 성교육이 중요한 이유는 모두 삶에 대한 가치관과 태도를 다루기 때문이다.

JYP 박진영의 특별한 인성교육

JYP엔터테인먼트 대표 박진영을 모르는 대한민국 사람은 거의 없을 것이다. 그가 아이돌을 뽑을 때 가장 중요하게 여기는 것은 바로 '인성'이다. JYP는 대형 기획사들 가운데에서도 특히 소속 연예인과 연습생들에게 기본적인 식사 예절, 이성에 대한 매너, 성교육 등 각종 인성교육을 중요하게 가르치고 강조하기로 유명하다. 그는 직접 소속 가수들에게도 성교육을 했다고 전해진다.

박진영은 2013년 MBC 프로그램 〈휴먼 다큐 사람이 좋다〉에 나와 이렇게 말했다.

"JYP는 전 직원이 여자가 나오는 어떠한 술집에도 못 가게 돼 있어요."

임원들이 그럼 도대체 어디서 만나란 얘기냐, 다들 그런 데서 만난다고 말하자, 박진영은 "회사가 망해도 좋다. 여자가 접대해주러 나오는 공간에 출입하는 순간 우리 회사를 떠날 생각을 하라"라고 단호하게 말했다.

박진영의 이런 철학과 태도 덕분에 JYP 가수들과 엔터테인먼트의 명성은 하늘 위로 올라갔고 영업이익도 매해 늘어갔다. 그리고 2019년에 JYP엔터테인먼트의 시가 총액은 1조 원을 넘었다. JYP 스타일의 인성교육 시스템과 경영 철학이 빛을 발한 것이다. 그는 미래를 앞서 본 현명한 사람이자 뛰어난 리더였다.

이제는 다른 연예기획사에서도 성교육과 인성교육의 중요성을 알고 어릴 때부터 연습생을 대상으로 성교육을 실시하고 있다. 나도 여러 차례 연예기획사 연습생과 아이돌들을 대상으로 이 같은 교육을 진행한 바 있다.

기획사 관계자들을 만나보면 실력도 중요하지만, 요즘은 인성과 성 문제가 터지면 그동안 피땀 흘려 준비했던 모든 것들이 한순간에 날아간다고 걱정한다. 그만큼 아이들에게 올바른 성교육이 필요하다는 것을 절실히 느껴 신청했고 앞으로도 꾸준히 할 계획이라고 말한다.

성교육과 인성교육의 출발은 가정이다

〈부모-자녀 성교육이 자녀성장에 미치는 효과에 관한 연구〉라는 논문에 따르면 인간 생활에 큰 영향을 미치는 성에 대하여 얼마나 바르게 알고 준비하느냐에 따라 사회적·문화적·미래적 삶이 많이 달라질 수 있다고 말한다. 성장 과정에서 올바른 성 개념이 형성되면 행복한 성생활을 영위할 것이고, 반면에 그릇된 성 개념이 형성되면 예기치 않은 성 관련 문제에 당면하게 된다고 언급한다.[9)]

생물학적인 지식 중심의 성교육도 중요하지만, 사회적인 성교육인 인성교육도 매우 중요하다. 이런 인성교육을 바탕으로 한 성교육은 자신을 이해하고 상황을 다스릴 줄 아는 리더십을 길러준다. 그리고 위험을 감지하는 감각을 길러주고 타인과 건강하게 소통하는 법을 알려준다.

조기 영어교육보다 더 중요한 것이 바로 '조기 성교육'이다. 인성과 인간관계는 어릴 때부터 차근차근히 교육해야 한다. 성교육은 단순히 성 지식을 전하는 것에 국한되지 않는다. 성교육은 관계에 대한 교육이며 생명 존중, 인간 존중이라는 인성교육의 가장 기초가 되는 생활교육이다.

앞으로의 시대는 '인성'이 기본이 되어 있지 않으면 절대 성공할 수 없다. 공부와 일에 대한 능력에 더해 인간 됨됨이를 중시하는 '인성의 시대'가 오는 까닭이다. 내 아이를 바른 사람으로 키우고 싶다면 가정에서 인간관계와 인성의 근간이 되는 성교육을 출발점으로 삼자.

♀♂

양육자가 모범이 되자

양육자 성교육이 필요한 세 가지 이유

양육자 성교육 때마다 내가 입이 닳도록 하는 말이 있다.

"성교육은 가정에서부터 시작해야 합니다. 학교 성교육으로는 아이들의 성 궁금증을 충분히 해결할 수 없습니다. 아이 성교육은 가정에서 양육자가 주체가 되어서 하는 것이 가장 좋습니다. 그래서 지금 바로 양육자로부터 성에 대해 공부해야 합니다."

그럼 양육자들은 가정에서 성교육이 얼마나 필요하다고 생각할까? 〈가정 성교육과 학부모 대상 성교육 프로그램에 대한 중학생 학부모님들의 인식〉이란 논문에서 가정의 성교육이 필요한지에 대한 인식 여부를 물어봤다. 응답한 202명의 양육자 중 가정의 성교육이 필요하다고 답한 양육자는 186명으로 무려 92.1%였다. 필요하지 않다고 생각하는 응답은 7.9%로 매우 적었다.[10] 양육자도 가정에서 아이에게 양육자의 성교육이 필요하고 중요하다는 것을 피부로 체감하고 있다.

그럼 왜 가정에서 양육자 성교육이 필요할까? '아이가 가장 많이 영향을 받는 곳이 바로 가정'이기 때문이다. 가정에서 양육자 성교육이 필요한 이유는 다음 세 가지로 요약할 수 있다.

첫째, 양육자는 아이에게 성교육을 할 수 있는 가장 첫 번째 선생님이다.

아이에게 가장 먼저 성교육을 할 수 있는 사람은 선생님, 성교육 전문가가 아니라 바로 양육자다. 성에 대한 궁금증이 생기면 누구에게 가장 먼저 물어볼까? 바로 양육자다. 아이의 성 질문이나 행동을 보고 양육자가 어떻게 대처하느냐에 따라 아이의 성 가치관에 크게 영향을 미친다. 양육자는 아이의 성장과 발달 과정을 가장 가까이에서 보는 양육자이자 보호자다.

둘째, 아이의 성장 단계에 맞춘 적절한 성교육이 가능하다.

학교 성교육은 일시적이고 교과 관련 위주의 성교육이라 그때그때 궁금한 아이들의 궁금증을 해결해줄 수 없다. 가정은 아이의 성장을 바라보고 성에 관한 질문과 대답을 할 수 있는 최적의 공간이다.

양육자만큼 아이의 성장 과정을 잘 아는 사람은 없다. 성교육은 개개인의 수준과 요구가 다 다르므로 아이의 상황을 잘 아는 양육자가 그에 맞게 설명해주는 것이 가장 자연스럽고 효과적이다. 이렇듯 양육자가 아이의 성장 단계에 따른 적절한 성교육을 실천할 수 있는 곳이 가정이다.

셋째, 성교육은 가정생활에 대한 교육이다.

성 가치관은 어렸을 때부터 형성된다. 아이가 성장하면서 가장 큰 영향을 받는 곳은 양육자와 가정환경이다. 가정에서 양육자에게 성 역할과 성 태도를 배우고 양육자와 대화하고 신뢰를 쌓는 과정에서 성에 대한 올바른 가치관을 형성한다. 가정에서 양육자에게 예절 교육을 잘 받은 아이는 밖에서도 문제를 잘 일으키지 않는다. 가정 내 성교육이 중요한 이유가 여기에 있다.

태교로 성교육을 들으러 오다

정부, 기업, 학교, 기관, 단체 등 전국으로 강의를 다니다 보면 사람들이 가장 관심 있고 듣고 싶은 주제가 바로 '성교육'이었음을 실감할 수 있다. 강의를 나가면 보통 수백 명의 양육자가 내 성교육을 듣기 위해 찾아온다. 보통 아이를 키우는 양육자들만 온다고 생각하겠지만 그렇지 않다. 아이를 임신한 상태에서 성교육 강의를 들으러 온 엄마도 자주 본다.

어느 날 Q&A를 시작하자마자 맨 앞에 앉아 있던 만삭의 임산부가 가장 먼저 손을 들었다. 궁금증에 대해 답변한 뒤 아직 아이를 낳지 않았는데 오늘 성교육을 들으러 온 이유를 물어보았더니 이런 대답이 돌아왔다.

"아이를 낳으면 그때부터는 더 시간이 없을 것 같아서요. 지금부터 미리 배워놓으려고요. 아이를 낳고 그때야 부랴부랴 성교육 강의나 프로그램을 찾아보면 힘들 것 같아요. 아이 성교육을 전문가에게 맡기는 것도 좋지만, 저는 어릴 때부터 제가 해주고 싶어요. 아이가 태어난다면 네가 어떻게 세상에 나오게 되었는지 제가 직접 꼭 알려주고 싶어요."

부부가 같이 온 예비 산모도 있었다. 그 산모는 강의에 온 이유를 명확히 말해주었다.

"불편한 몸이긴 하지만 아침 일찍부터 출발해 성교육을 들으러 왔습니다. 저뿐만이 아니라 남편도 성교육은 미리 준비하자며 성교육 책을 사서 틈틈이 공부하고 있어요. 강사님의 현실적인 성교육 강의를 들으니 오늘 제가 나오길 정말 잘했네요."

임신한 젊은 엄마들의 말을 듣고 모두가 고개를 끄덕이며 응원의 박수를 보냈다.

유비무환(有備無患)이라는 사자성어가 있다. '평소에 준비가 철저하면 후에 근심이 없음'을 뜻하는 말이다. 이렇게 성교육을 미리 준비하는 양육자일수록 성교육이 자연스럽고 수월하다. 나중에도 성에 관해 아이에게 들려줄 좋은 이야기도 무수히 많을 것이다.

아이 성교육의 주체는 양육자다

세상에서 내 아이에게 가장 좋은 성교육 전문가는 바로 양육자다. 이 책을 읽고 있는 당신도 내 아이에게만큼은 꼭 제대로 된 성교육을 해주고 싶을 것이다. 그러나 지금 나는 내 아이 성교육에 최선을 다해 공부하고 노력하고 있는가?

성교육 강의를 나가서 양육자를 만나보면 안타까울 때가 있다. 내 아이 성교육을 잘하고 싶다면서 정작 양육자가 성교육에 관한 책은 단 한 권도 읽지 않는다는 것이다. 그나마 성교육 강의를 듣기 위해 참석한 양육자는 다행이다. 아이가 성교육 책을 읽으면 성에 대한 쓸데없는 호기심이 생긴다고 읽지 못하게 하는 양육자도 있다.

양육자에게는 아이가 올바른 성 개념과 가치관을 형성하도록 가르쳐야 할 의무가 있다. 가치관의 사전적 의미는 '인간이 삶이나 어떤 대상에 대해서 무엇이 좋고, 옳고, 바람직한지를 판단하는 관점'이다. 양육자는 아이가 성을 바라보는 판단의 기준을 잘 세우도록 알려주어야 한다.

무엇을 하든 시작이 반이다. 지금 이 책을 읽는다면 당신은 이미 반은 성공한 셈이다. 더는 내 아이의 성교육을 방임하지 말자. 만삭의 엄마들이 들려준 다짐처럼 양육자가 성교육의 주체가 될 때 아이는 어릴 때부터 건강한 성 가치관과 태도를 갖게 될 것이다.

양육자가 서로 사랑하는 것이 최고의 성교육이다

자녀 앞에서는 하지 말아야 할 행동이 참 많다. 그중 특히 조심해야 하는 것이 있다. 자녀 앞에서 양육자가 언성을 높이고 싸우는 일이다. 자녀가 양육자 곁에서 가장 스트레스를 받는 경우가 언제일까? 이혼한 가정의 자녀보다 자녀 앞에서 정기적으로 싸우는 양육자의 모습을 보는 아이들이 더 큰 스트레스를 받는다고 한다.

가정이라는 울타리 안에서 자녀를 양육하다 보면 부부끼리 생각이나 의견 차이로 다툴 때가 있지만, 이 순간을 슬기롭게 잘 이겨내는 게 바로 부부의 지혜다. 싸울 때 서로 티격태격 언성을 높이지 말고 되도록 자녀가 있는 앞에서는 싸우지 말자. 그 모습을 자녀가 보면서 영향을 받는다.

인간이 태어나서 처음 맺는 인간관계가 양육자다. 양육자와의 관계가 편치 않으면 인생에서 만나는 수많은 인간관계가 흔들리게 된다. 그래서 자녀 앞에서 양육자가 잘 지내는 모습을 보여주는 것은 매우 중요하다. 부부 사이가 좋으려면 우선 양육자 자신부터 행복해야 한다.

내가 운영하는 성교육 전문 기관 자주스쿨에서 성교육 문의를 받다 보면 엄마의 이름을 알기가 매우 어렵다. 카톡의 이름이 대부분 'OO 맘', '~아들 맘', '~딸 맘'으로 되어 있기 때문이다. 예를 들어 양육자의 이름을 물어보면 자신의 이름을 이야기하지 않고 "경환(아들 이름) 맘입니다"라고 말하는 경우가 대부분이다. 맘 카페만 가더라도 본명으로 활동하는 사람보다는 자신의 아이 이름을 따서 말하는 엄마들이 많다.

아이를 사랑하는 마음은 충분히 공감하는데 엄마의 삶에서 본인의 이름이 지워지고 아이의 이름으로 채워진다는 사실이 안타깝다. OO 맘도 좋지만 이제 자신의 이름으로 당당하게 말하는 건 어떨까? 굳이 맘을 꼭 붙여야 한다면 소개할 때 "사랑하는 우리 아들 석원이의 엄마인, '송정례'입니다"라고 말했으면 좋겠다.

육아의 목표는 내 아이가 '자유롭고 주체적인 아이'로 성장하도록 하는 것이다. 아이가 자기 삶의 주인으로 살아가기 위해서는 '양육자 자신부터 주인인 삶'을 살아야 한다. 행복이라는 것은 내 안에서 차고 넘쳐 흘러야 아이에게 전달할 수 있다. 그래서 아이보다 나부터 먼저 행복해야 한다.

표현해야 사랑이다

나에게는 롤 모델이 두 명 있다. 바로 유재석과 박진영이다. 유재석과 박진영을 보며 '인성'과 '겸손'의 중요성을 많이 배운다. 특히 유재석의 이 말을 늘 가슴 깊숙이 새기며 살고 있다.

"입술의 30초가 마음의 30년이 된다."

나의 '30초'의 짧은 한마디가 배우자, 자녀의 인생을 바꿀 수도 있다. 나는 지금 배우자와 자녀에게 어떤 말을 하고 있는가? 특히 성과 관련해서 칭찬과 격려의 말이 많은지, 야단과 걱정의 말이 많은지 생각해보자. 특히 '사랑'의 감정은 반드시 표현해야 한다.

심리학과 이민규 교수는 저서 《표현해야 사랑이다》에서 사랑에 대해 이렇게 설명한다.

> 상담을 하다 보면, 가슴에서 입까지는 30cm도 안 되는데 가족을 위해 가슴속에 담아둔 좋은 생각들을 입 밖으로 표현하는 데 30년 이상 걸렸다는 사람들을 만납니다. 안타까운 건 정말 소중한 사람에게 해야 할 진짜 중요한 말을 마지막 순간이 지난 다음에야 과거형으로 한다는 겁니

다. …… 사랑이란 의도적으로 선택하고 연습해야 하는 기술이며 동시에 예술입니다. 기술과 예술은 저절로 되는 것이 없습니다. 반드시 의도적으로 선택하고 노력해야 하며, 끊임없이 공부하고 연습해야 합니다. 자녀에 대한 사랑도 마찬가지입니다.[11]

지금까지 배우자와 자녀에게 사랑한다는 말을 아껴왔다면 이제부터 시작하고 연습해보자.

"여보, 매번 고생이 많지? 곁에 있어 줘서 고마워", "엄마, 아빠는 항상 너를 믿고 네 편이야".

때로는 투덜거릴 때도 있지만 우리 가족도 함께 대화를 나눌 때가 가장 즐겁고 행복하다. 자녀 앞에서 양육자의 사랑을 표현하고 행복한 모습을 보여주는 것, 그게 바로 최고의 성교육이다.

♀♂

지루하고 천편일률적인 성교육은 그만하자

매번 비슷한 내용을 부정적으로 가르친다

내가 운영하는 성교육 전문 기관 자주스쿨에서는 초등학생부터 양육자까지 가정으로 방문하는 소그룹 성교육을 진행하고 있다. 소그룹 성교육에서 초등학교 6학년 학생에게 성교육을 받아본 적이 있냐고 물어봤는데 갑자기 한 아이가 책상을 크게 딱 치면서 이렇게 말했다.

"1도 기억 안 나요. 완전 재미없고 지루했어요."

호랑이같이 매서운 눈빛으로 말하는 아이를 보며 그 이유가 너무 궁금했다. 전에 받았던 성교육에 굉장히 불만을 느끼고 있는 것 같아 왜 그렇게 생각하는지 물어봤다.

"왜 선생님은 매번 부정적이고 안 좋은 내용만 가르치나요? 맨날 조심해라! 뭐 하지 마라! 성폭력 이야기만 하잖아요. 늘 반복되는 나쁜 교육은 더는 받기 싫어요."

성교육을 나쁜 교육이라고 말하는 아이의 대답을 들으며 힘이 쭉 빠지고 성교육 강사로서 정말 미안했다. 나도 성교육을 한답시고 아이들한테 겁박을 주거나 부정적인 내용만을 가르치지 않았는지 되돌아보았다. 어두운 세상에서 성이 얼마나 소중하고 아름다운지 가르쳐도 부족하다. 하지만 이 아이가 느끼는 성은 재미없을 뿐만 아니라 지하 밑바닥처럼 어두웠다.

서울시 산하 '아하! 서울시립청소년성 문화센터'가 2018년 11월 13~18세 청소년 333명에게 실시한 온라인 설문조사를 보면, 학교 성교육에 만족하지 않은 이유로 "학년이 바뀌어도 성교육 내용은 계속 똑같아서"(남 71.4%, 여 73.9%), "교육 방식이 지루하고 전달성이 떨어져서"(남 60%, 여 58.8%) 등을 주로 꼽았다. 그중에서 "폭력 예방 교육에 집중돼 있어서"(남 25.7%, 여 22.2%)란 응답도 5위 안에 들었다.[12]

학교에서도 성교육을 하지만 보통 성폭력 예방 교육 위주로 진행한다. 이런 내용이 주를 이루다 보니 아이들은 보통 성교육 때 집중을 잘 안 하거나 잠을 잔다. 언론에서 다루는 성에 대한 기사도 성폭력, 성범죄에 관한 악랄하고 부정적인 내용이 대부분이다.

언론을 통해서 이런 기사를 자꾸 접하니 양육자의 성 가치관도 점점 부정적으로 물들고 아이들이 혹시라도 실수할까 봐 걱정이 태산이다. 문제는 어른뿐만이 아니라 아이들도 스마트폰과 인터넷을 통해 이런 기사를 빠르게 접하고 있다는 것이다.

앞에 초등학생 아이가 성교육을 지루해하고 듣기 싫어하는 것이 무척 공감되는 이유다. 이제는 성교육을 통해 우선 성에 긍정적이고 좋은 면도 잘 알려줘야 한다.

핀란드의 성교육에서 배운다

해외의 성교육은 우리와 많은 차이를 보인다. 1970년부터 성교육을 필수 교과로 지정한 핀란드에서는 성교육이 실제적이고 긍정적이다. 성교육 시간이 연간 평균 5.3시간에 불과한 한국에 비해 핀란드는 연간 40~50시간에 이른다. 특히 성적 호기심이 폭발적으로 일어나는 초중등학교 7~9학년(한국의 중학 과정) 학생들에게 성교육을 집중적으로 한다. '자위는 몸에 해로운가? 피임을 위해 항상 콘돔을 가지고 다녀야 하나?' 등 아이들이 궁금해하는 것을 가르친다. 교육 내용으로 '성은 즐겁고 자연스러우며 상대를 배려하는 책임 있는 행동이 되어야 한다'를 강조하고 반복 교육한다.

성교육 방식에서도 차이가 난다. 핀란드 성교육은 주입식이 아니라 토론식이다. 가령 '사랑'이란 말에 연상되는 단어를 각자 써내고 토론하는 식이다. 성교육 비디오를 시청하거나 역할극을 통해 상대를 이해하도록 돕는다.[13]

핀란드 성교육에서도 볼 수 있듯이 성은 즐겁고 자연스러운 것이라고 먼저 알려주어야 한다. 그리고 그에 따른 주의할 점과 책임감에 대해서 교육하면 된다. 이런 실제적이고 긍정적인 성교육 덕분에 핀란드는 아이들이 성을 자연스럽게 받아들이고 있고 10대 임신율이 세계 최저국 중 하나가 될 수 있었다.

우리는 3억 마리 중 선택된 소중한 존재

그날 성교육이 싫다는 초등학생 아이에게 성(性)의 3대 요소(사랑, 생명, 기쁨)를 통해 자신이 아름답고 소중한 이유를 이야기했다. 엄마와 아빠의 사랑 안에서 '너'라는 생명이 만들어졌고, '너'라는 존재 그 자체가 기쁨이라고 말했다.

"네가 어떻게 세상에 태어난 줄 알아? 우선 너의 엄마와 아빠가 만났기 때문이야. 그리고 성관계를 통해 아빠 안에 있던 약 3억 마리나 되는 정자가 엄마 몸으로 들어가 단 한 마리의 정자가 난자를 만나 네가 세상에 나온 거야. 3억 마리나 되는 정자가 난자를 만나러 가는 길은 매우 험난해서 대부분 죽어. 놀라운 이야기를 하자면 3억 마리 중에 다른 정자가 난자에 들어가거나, 그날 엄마 몸 속에서 다른 난자가 나왔다면 너는 여기에 없었어. 그래서 네가 태어난 것 자체가 기적이자 축복이야. 선생님은 세상에 단 하나밖에 없는 너의 존재에 대한 소중함을 알려주고 싶었어. 세상에 단 하나밖에 없는 소중한 나이기 때문에 나부터 시작해 타인을 배려하고 존중해야만 해."

성교육 강의를 마친 뒤 아이들은 자신이 이렇게 소중한 존재라는 걸 알게 되었다며 무척 기뻐하고 만족했다. 그리고 자신을 낳아준 양육자님에게도 감사하다고 말했다.

자신을 사랑하는 방법을 알려주는 것이 성교육이다

성폭력 예방 교육이 필요 없다고 말하는 것은 아니다. 그 부분에만 집중해서 좋지 않은 면을 부각시키지 말라는 것이다. 자기 몸에 대한 소중함과 타인에 대한 존중을 기반으로 긍정적인 성교육을 먼저 진행해야 한다. 그 이후에 서로 경계를 지키고 주의하는 방법을 가르치면 된다.

이날 나는 성교육 전문가로서 앞으로 어떤 내용을 가지고 성교육을 해야 하는지 다시 한 번 생각하게 되었다. 그동안 내가 가르쳤던 성교육 강의 내용을 모두 검토하고 수정했다.

양육자도 자녀에게 성교육을 할 때 긍정적인 내용을 알려주기 위해 노력해야 한다. 성교육은 조심하라거나 부정적인 내용만을 주입하는 교육이 아니다. 자기 몸의 소중함을 알려주고 타인을 존중하는 방법을 가르치는 것이 바로 성교육이다.

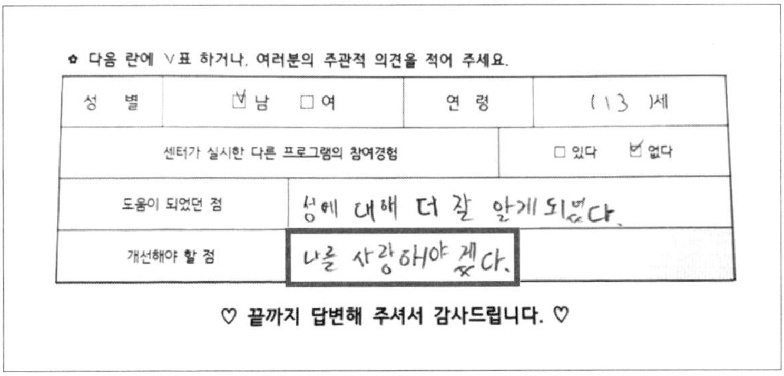

✿ 다음 란에 V표 하거나, 여러분의 주관적 의견을 적어 주세요.

성 별	☑남 □여	연 령	(13)세
센터가 실시한 다른 프로그램의 참여경험		□있다 ☑없다	
도움이 되었던 점	성에 대해 더 잘 알게되었다.		
개선해야 할 점	나를 사랑해야 겠다.		

♡ 끝까지 답변해 주셔서 감사드립니다. ♡

한 초등학생이 성교육 강의 후기에 쓴 글 "나를 사랑해야겠다."

2장

성 인식 점검 포인트

나는 성에 대해 얼마나 알고 있나?

♀♂

성은 '야한' 게 아니다

성에 대해 아예 생각조차 해본 적 없는 양육자

내 아이에게 성교육하기 전에 양육자부터 먼저 성에 대해 어떻게 생각하고 있는지 점검해야 한다. 양육자부터 성이 자연스럽고 친해야 아이에게 성교육을 잘할 수 있기 때문이다. 양육자들에게 "성(性) 하면 보통 어떤 게 떠오르나요?"라고 질문하면 대개 이렇게 대답한다.

"흠…… 남성과 여성, 임신과 출산, 성폭력, 성범죄. 그것 말고 지금 딱히 생각나는 게 없네요."

보통 '성' 하면 딱 부러지게 말을 하지 못한다. 왜 그럴까? 평소에 성에 대해 제대로 생각해본 적이 없기 때문이다.

주제를 바꿔 '스마트폰' 하면 어떤 게 생각나는지 떠올려보자. 브랜

드, 전화, 인터넷, 앱, 편리함, 스마트폰 중독 등 무궁무진한 주제가 수없이 떠오를 것이다. 그 이유는 스마트폰은 우리가 매일 사용하고 친숙하기 때문이다. 아이들에게도 성에 대해 어떤 게 떠오르는지 물어보면 여기저기 손을 들며 이렇게 말한다.

"박씨! 이씨! 성씨요, 캐슬(높이 솟은 성)요, 명왕성! 해왕성! 흠……. Sex! Sex!! Sex!!!"

아이들의 발달 상태나 경험에 따라 천차만별의 답변이 나온다. 아무 생각 없이 말하거나 장난으로 이야기할 때도 있다. 그래도 아이들은 자기 생각을 꺼내고 말하기 위해 노력한다. 나는 아이들이 생각하고 말하는 다양한 답변을 칠판이나 화이트보드에 적는다. 그리고 성이란 나에게 어떤 의미인지 대화를 나누며 성교육 강의를 이어간다.

내 강의에서는 무겁고 엄숙한 분위기가 아니라 자연스럽고 편한 분위기에서 성에 대해 말하는 연습을 한다. 이런 분위기가 조성되어야 아이들도 성을 솔직하게 말할 수 있기 때문이다. 양육자가 성교육을 배울 때도 마찬가지다. 성교육을 하기 전에 양육자부터 성과 친해지고 자연스럽게 느껴야 한다.

성과 친해지자

인간은 모두 성적인 존재다. 인류 역사가 시작된 이래 일과 더불어 성은 어느 시대에 국한되지 않고, 어떠한 형태로든 인간 사회 깊숙이 존재해왔다. 성은 먹고 자고 배설하고 싶은 욕구와 더불어 인간의 생물학적 욕구를 표현한다. 성은 인격을 형성하여 의식적 또는 무의식적으로 인간의 생활을 지배한다.

간단히 생각하면 우리는 성 없이 존재할 수 없다. 우리가 태어나고 지금 여기 존재할 수 있는 이유도 모두 성 덕분이다. 이렇게 우리 생활에 밀접하게 존재하는 성을 우리는 아이러니하게도 어색해하고 불편해한다. 그 이유는 한국은 오랜 유교 문화권에서 성에 대해 보수적이고 폐쇄적인 사회였기 때문이다.

성은 자연처럼 늘 우리 주변에 있다. 계절이 바뀌는 것처럼 성은 우리 일상에 존재하고 그 모습을 날마다 조금씩 바꾸어간다. 기저귀를 갈아주던 아이가 어느덧 스스로 일어나 화장실에서 소변이나 대변을 보고, 아들이 커서 몽정을 하고 딸이 자라나 월경을 하듯, 점점 어른으로 성장한다. 우리가 보는 영화나 드라마의 연애 이야기 모두 성과 관련이 있다.

성기와 행위 위주로 생각하지 마라

성은 야한 것도 아니고 숨겨야 할 것도 아니다. 성을 야하고 부끄럽다고 생각할수록 자신의 존재를 부정하고 부끄럽다고 느끼는 것과 같다. 그럼 왜 사람들은 성을 야하고 숨겨야만 하는 것으로 생각할까? 그 이유 중 하나는 성을 자꾸 '성기와 행위' 위주로 보기 때문이다.

성을 영어로 하면 'Sex'다. 어학 사전에 Sex라고 검색하면 다음과 같이 세 가지 뜻이 나온다.

① 성(性), 성별 ② 남성 또는 여성 암컷 ③ 성(행위), 성관계, 섹스, 성교

섹스에 대한 생각은 사람마다 다르지만 보통 섹스라는 말을 들었을 때 떠오르는 이미지가 '남자와 여자가 성관계를 하는 장면'일 것이다. 사전 정의처럼 성에는 다양한 의미가 있는데 대부분은 ③번처럼 '성기와 행위' 위주로 생각한다. 우리가 섹스를 자꾸 숨기고 부끄럽다고 느끼는 이유도 이 때문이다. 영화, 드라마, 유튜브, 광고에서는 성을 주제로 자극적인 썸네일을 만들어 유혹하거나 야릇한 장면을 보여준다. 그게 사람의 관심과 이목을 끌기 좋기 때문이다.

성기와 행위 위주의 섹스만을 보여주는 매체는 대부분 남성이 섹스를 리드하고 여성은 수동적인 모습으로 나온다. 때로는 성차별적이고 폭력적이다. 우리도 모르게 점점 이런 매체가 보여주는 자극적이고 왜곡적인 시선에 물들었다. 그래서 섹스가 점점 불편해지고 말하기 조심스러운 것이다. 우선 '성을 성기와 행위 위주로만 보는 시각에서 벗어나야' 한다. 그래야 성이 자연스러워지고 성을 좀 더 폭넓게 바라볼 수 있다.

성은 사랑이자 생명이며 기쁨이다

나는 성(性)이라는 한자를 무척 좋아한다. 이 한자를 볼 때마다 행복하고 기쁜 마음이 우러나온다. 성의 한자는 '성품 성(性)'으로 두 개의 한자가 만나 이루어졌다. 바로 마음 심(心)과 날 생(生)이다. 마음

심은 마음으로부터 우러나온다고 해서 '사랑'을 뜻한다. 날 생은 낳다, 기른다는 의미에서 '생명'을 뜻한다. 한마디로 성은 '사랑과 생명'이다.

사랑과 생명 안에서 '기쁨'을 누리는 것이 온전하고 행복한 성(性)이다. 양육자의 사랑 안에서 생명이 태어나는 것은 이루 말할 수 없는 기쁨이다. 이 '사랑, 생명, 기쁨'은 성의 모든 관계에 적용된다. 음란물에는 이 3대 요소가 빠져 있으므로 현실과 다르고 가짜인 것이다.

물론 성은 뭐라 딱 하나로 표현하기가 불가능하다. 성은 위에 세 가지 요소처럼 좋은 면도 있지만 때로는 미움과 질투, 시기, 죄책감, 수치심, 분노와 같은 수많은 부정적인 감정의 원인이 되기도 한다. 사람마다 성에 관해 생각하는 것과 그 기준은 모두 다르다. 이렇게 성은 다르고 다양하므로 서로 존중해야 하고 그 방법에 대해 교육해야 한다.

양육자부터 성을 건강하고 자연스럽게 바라보자

내게 성이 무엇이냐고 물어본다면 나는 사랑, 생명, 기쁨에 관해 설명하고 '자연스럽고 좋은 것'이라고 대답한다. 그리고 좋은 것 안에서 경계를 알고 존중하는 방법에 대해서 교육한다.

내가 성을 건강하게 바라보듯, 양육자들 자신도 스스로 성을 건강하게 바라봐야 한다. 그래야 양육자부터 성에 대해 건강한 가치관을 가지고 아이에게 사랑, 생명, 기쁨을 제대로 전달할 수 있기 때문이다. 성교육의 출발은 양육자인 자신부터 자유롭고 건강한 성 가치관을 갖는 것임을 명심하자.

♀♂

성교육은 내용보다 양육자의 태도가 더 중요하다

내용보다 태도

내가 성교육을 하는 대상은 일반인에 국한되지 않는다. 전국 시·교육지원청, 구청, 성 문화센터, 기업 등 여러 기관을 다니며 성교육 강사와 성 관련 활동가들을 대상으로 교육하고 있다. 현장에서 만나는 성교육 강사분들은 대개 30~50대 여성이 주를 이룬다. 결혼해서 아이를 양육하고 있는 분들이 많은데, 성교육을 하는 강사임에도 자신의 아이에게 성교육하는 것을 어려워한다. 그래서 어떻게 하면 자신의 아이에게 성교육을 잘할 수 있는지 자주 물어온다. 나는 그분들께 이렇게 조언한다.

"양육자가 자녀에게 성교육할 때 가장 중요한 것 중 하나는 '편안하고 건강한 태도'입니다. 양육자가 아무리 성 지식을 많이 알고 있어도 자녀에게 억지로 교육하거나 부정적인 태도로 임하면 듣기 싫어합니다. 저도 이 태도를 조금이라도 편안하고 건강하게 바꾸기 위해 매일 노력하고 있습니다. 이건 자녀뿐만 아니라 어떤 대상을 만나든지 마찬가지입니다."

'태도'의 사전적 의미를 찾아보면 어떤 일이나 상황 따위를 대하는 마음가짐 또는 그 마음가짐이 드러난 자세다. 성에 관한 일이나 상황을 대하는 마음가짐과 자세는 무엇보다 중요하다. 그 마음가짐과 자세에 따라 그날 성교육의 결과가 좌우되기 때문이다.

특히 자녀를 성교육할 때 양육자가 어떤 태도를 보이느냐에 따라서 자녀가 성을 바라보는 가치관과 태도가 영향을 받는다. 성 지식을 많이 안다고 자녀 성교육을 잘할 수 있을 거라는 건 큰 착각이다. 아무리 내가 척척박사처럼 지식을 많이 갖추고 있어도 태도가 좋지 못하면 자녀 성교육은 어렵다. 성교육은 단순히 지식을 전달하는 교육이 아니라 가치관과 태도에 대한 교육이기 때문이다. 따라서 양육자로부터 성에 대해 편안하고 건강한 태도를 갖추기 위해 공부하고 연습해야 한다.

"선생님의 강의엔 특별한 게 있어요"

청소년 기관과 함께하여 4주 동안 청소년들을 대상으로 성교육 프로그램을 진행한 적이 있었다. 마지막 수업을 마치고 아이들에게 선물과 함께 정성 가득한 편지와 메시지를 받았다. 그중에서 한 고등학생의 감사 메시지가 지금도 기억에 남아 있다.

"선생님, 4주 동안 정말 즐겁고 유익했어요. 선생님의 강의는 다른 강의와는 다르게 특별한 게 있어요. 배움과 동시에 선생님의 밝고 건강한 에너지도 함께 느낄 수 있다는 거예요. 선생님의 시원시원한 말과 환한 미소를 볼 때마다 저도 덩달아 기분 좋아지더라고요."

아이들뿐만이 아니다. 양육자 성교육 강의를 마치면 강사님의 에너지가 밝고 활기차서 좋았다는 이야기를 자주 듣는다. 그리고 어렸을 때 받았던 성교육과는 차원이 다른 교육이라고 칭찬까지 받는다.

이런 감사 후기를 받는 건 단순히 내가 성교육 강의를 잘해서가 아니다. 학생들의 말처럼 강의하는 나부터 슈퍼 울트라 '건강한 태도와 에너지'를 갖고 임했기 때문이다. 그 에너지와 진심이 청중의 마음까지 전달되고 그들을 감화시켰기에 가능하다고 생각한다. 아이뿐만이 아니라 어떤 대상을 만나든 간에 가르치는 사람의 '태도'가 중요하다. 그래야 마음의 문을 열고 교육자에게 집중하기 때문이다.

성교육에서 중요한 두 가지 태도

성을 대하는 양육자의 태도에 따라 자녀 성교육 결과가 달라진다. 그러면 자녀에게 성교육할 때 양육자는 어떤 태도를 보여야 할까?

첫째, 자녀를 성적인 존재로 인정하라.

양육자가 자녀에게 성교육할 때 불편하거나 부정적으로 느끼는 이유 중 하나는 자녀를 성적인 존재로 인정하지 않기 때문이다. '성에 대해 호기심을 갖는다고 걱정하는 것, 연애하는 자녀를 인정하지 않고 반대하는 것', 이 모든 것들이 자녀를 성적인 존재로 인정하지 않고 미숙한 존재로 바라보기 때문이다. 인간은 나이와 상관없이 누구나 다 성적인 존재다. 성을 통해 성장하고 어른으로 성숙해간다. 자녀의 성에 대해서 가지고 있던 편견과 고정관념에서 벗어나야 한다. 자녀를 성적인 존재로 인정하는 것이 먼저다.

둘째, 양육자가 일상생활에서 모범을 보여라.

양육자는 자녀의 거울이다. 성은 일상에 늘 존재하기에 가정에서부터 양육자가 모범을 보여야 한다. 집에서 옷을 훌훌 다 벗고 돌아다니는 자녀에게 양육자가 "집에서 함부로 벗고 돌아다니지 마. 부끄러운 행동이야! 알겠어?"라고 가르쳤다. 그런데 그렇게 말한 양육자가 씻고 나와 벗은 상태로 생각 없이 자유롭게 돌아다니면 어떨까? 아마 자녀에게 교육한 것이 다 무너지고 신뢰도 잃게 될 것이다. 양육자가 일상생활에서 성에 대한 모범을 보여야 자녀는 그 모범을 배운다. 그리고 양육자의 행동을 동일시함으로써 양육자와 같은 좋은 태도를 지닌 자녀로 성장하게 된다.

성에 대한 태도가 건강하고 편안해야 한다

〈부모-자녀의 의사소통유형에 따른 대학생 자녀의 성 태도 및 성 행동〉이란 논문에 따르면 성에 대한 인간의 태도는 한 가지로 정의할 수 있는 것이 아니다. 작게는 가정에서부터 크게는 사회·문화적 배경까지 상호적인 관계를 통하여 내면화된다. 그리고 개인이 속해 있는 사회의 문화와 태도에 맞추어 사회화된다.

특히 성에 대한 태도를 결정짓는 사회화는 어린 시절의 환경에서 어떤 경험과 학습을 했느냐에 따라 달라진다. 이렇게 형성된 성에 대한 태도는 일생의 성 태도를 좌우한다고 할 수 있다.[14)] 자녀가 어린 시절 가장 많이 영향을 받는 곳이 바로 가정이다. 결국, 어릴 때 양육자가 자녀에게 어떤 태도를 보이고 성을 대하느냐에 따라 자녀의 성 태도가 좌우되는 것이다.

성교육 강의를 하거나 이 책을 쓰면서 내가 양육자들에게 '성에 대해 건강하고 편안한 태도'를 갖는 것을 거듭 강조하는 이유가 바로 여기에 있다. 양육자 자신부터 성에 대한 태도가 건강하고 편안하지 않은데 어떻게 자녀에게 성교육을 잘할 수 있을까? 얼굴을 찡그리거나 윽박지르며 가르치는 양육자의 성교육을 듣고 싶은 자녀는 아마 한 명도 없을 것이다.

양육자로부터 성을 건강하고 편안한 마음으로 바라봐야 그 마음가짐이 자세로 드러나 아이에게 편안하게 성교육을 할 수 있다. 성교육은 단순히 성 지식만을 전하는 것이 아니라 자녀가 어떤 '태도와 주관'을 가지고 살아가게 할 것인가를 교육하는 일이다. 양육자 자신부터 성에 대해 건강하고 편안한 태도를 갖기 위해 성을 공부하자. 양육자의 공부가 곧 내 자녀의 공부가 된다.

♀♂

양육자부터 성 지식을 쌓자

성인조차 인터넷에서 배운다

양육자는 아이에게 무턱대고 성교육을 하면 안 된다. 수영하기 전에 준비운동을 하듯 성교육도 준비가 필요하다. 건강한 태도와 함께 성에 대한 기본적인 지식을 갖춰야 아이에게 성교육을 잘할 수 있다. 양육자에게 성에 관해 물어보거나 퀴즈를 내면 대부분 기본적인 성 지식조차 잘 모른다. 성에 대한 지식이 없으면 특히 자녀의 입장을 이해하고 공감하기가 어렵다.

이 책을 읽는 아빠 중에 여성의 '생리'에 대해 제대로 아는 아빠가 얼마나 될까? 그리고 엄마 중에 남성의 '몽정과 발기'에 대해 아는 엄마는 얼마나 될까? 다른 성별은 물론이고 같은 성별인 자녀의 몸에 관한 성 지식도 모르는 양육자가 많다. 양육자라면 내 자녀를 위해 적어도 기본적인 성 지식 정도는 알고 있어야 한다.

그럼 현재 우리는 성 지식 관련 정보를 어디서 얻을까? 2019년 한국여성정책연구원이 최근 공개한 〈성·재생산 건강 및 권리 관련 인식과 경험 조사·분석〉에 따르면 성인 70% 이상은 인터넷에서 성 지식 관련 정보를 얻는다고 한다.

성과 관련된 정보를 얻는 통로는 인터넷과 사회관계망서비스(SNS)가 가장 높았다. 70.1%(복수응답)가 인터넷 커뮤니티, SNS(사회관계망서비스), 유튜브 등 온라인이라고 했다. 이어 친구, 선후배 등 지인(63.8%), TV, 신문 등 대중매체(62.6%), 서적, 잡지(42.7%) 순이었다. 안타까운 건 전문적인 정보를 얻을 수 있는 상담사는 31.8%였고 교사는 15.0% 수준으로 현저하게 낮았다는 사실이다.[15)]

통계에서 보듯이 성인조차 대부분 인터넷에서 성 관련 정보를 얻는다. 인터넷, SNS, 유튜브 같은 곳에서 정보를 얻는 것이 반드시 나쁘다고는 할 수 없지만, 이런 매체에는 성과 관련해 자극적이고 왜곡된 정보가 너무 많다는 단점이 있다. 따라서 이런 경로를 통한 정보로는 자녀의 성 질문이나 행동에 대해 제대로 대처하기가 어렵다.

충격적인 양육자와 아이들의 성 지식 상태

나는 양육자 성교육 강의 때 '올바른 성 지식' 퀴즈 프로그램을 진행한다. 아이들에게도 이 프로그램을 진행하는데, 함께 퀴즈를 풀면서 알아가기 때문에 아이들이 무척 즐거워한다.

이 프로그램의 목적은 퀴즈를 통해 잘못 알고 있었던 성 지식을 바로잡고 올바르게 이해하는 것이다. 다음은 올바른 성 지식 퀴즈 중 가려 뽑은 세 문제다. 답이 무엇인지 함께 맞혀보자.

| 올바른 성 지식 퀴즈 |

1. 여성의 생리대는 엉덩이 크기에 비례해서 사용한다. [O, X]

2. 성관계나 자위를 많이 하면 성기 색깔이 변한다. [O, X]

3. [주관식] 생리주기가 28일인 여성의 생리 예정일이 5월 18일이라고 할 때 여성의 예상 배란일은?

1번 같은 경우에 답은 ×다. 엉덩이 크기에 비례해서 생리대를 사용하는 게 아니라 나오는 생리혈에 따라 크기가 다른 제품을 사용한다. 충격적인 건 아빠를 대상으로 성교육을 했는데 참여자 중 반 정도가 ○라는 대답을 한 것이다. 기혼인 상태인데도 아빠들은 여성의 몸에 대해 너무 모르고 있었다.

2번은 ×다. 성관계나 자위를 많이 한다고 성기 색깔이 어두워지거나 변하지 않는다. 성관계 여부와 상관없이 호르몬 변화를 겪으면 모양과 색깔이 약간씩 변할 수 있다.

3번의 답은 다음 생리 예정일에서 14일 전인 5월 4일이다. 아이를 갖기 원하는 부부는 특히 배란일에 신경을 쓰는데 대부분 정확한 배란일을 모르거나 헷갈릴 때가 많다.

양육자뿐만 아니라 아이들도 성 지식이 부족하다. 6학년 대상으로 소그룹 성교육을 진행했을 때다. 생명의 탄생과 기쁨을 알려주기 위해 아기는 어떻게 생기고 어디로 나오는지 가르치고 있었다. 눈이 똘망똘망한 남학생에게 "아기는 어디로 나와요?"라고 물어보았다.

그러자 그 아이는 눈을 부릅뜨고 자신 있게 이야기했다.

"배! 배! 배요! 선생님 배예요."

나는 왜 답이 배인지 물어보았다. 그러자 아이가 대뜸 이렇게 말했다.

"선생님, 배에서 나오니깐 베이비(Baby) 아니에요?"

아이의 당돌함과 순수함에 동시에 웃음이 나왔고 계속해서 멈추지 않았다. 이 친구뿐만 아니라 수만 명의 초등학생을 만나서 성교육을 했지만, 대부분이 아기가 어디로 나오는지도 모른다. 적지 않은 아이들이 "엄마 똥구멍요!"라고 말한다.

아이들은 개인마다 성 지식을 아는 정도가 천차만별이고 다양하다. 요즘은 잘못되거나 왜곡적인 정보들도 가득하다. 아무런 지식이 없는 상태에서 음란물을 보게 된다면 왜곡된 성 인식을 가질 수 있다. 그래서 양육자가 먼저 성을 공부하고 아이에게 올바른 성 지식을 가르쳐야 한다.

양육자부터 먼저 성 지식을 공부하라

이제 양육자부터 미리 성을 공부하며 준비하고 있어야 한다. 그래야 언제, 어떻게 나올지 모르는 아이의 성에 대한 질문과 성 행동에 자연스럽게 대처할 수 있기 때문이다. 물론 양육자가 성교육 전문가처럼 세세한 성 지식까지 다 알 필요는 없다. 성교육 말고도 양육자가 해야 할 일이 수없이 많기 때문이다. 정 양육자 스스로 하기 힘들 경우에는 전문가에게 요청하는 것도 좋은 방법이다.

양육자와 자녀에게 필요하고 유익한 성교육 프로그램은 뒤쪽 부록에 실어놓았다. 그나마 다행인 건 당신이 이 책을 읽고 있다는 사실이다. 이 책을 통해 이제 양육자로부터 기본적인 성 지식을 배우고 아이에게 잘 알려주자.

♀♂

성폭력,
얼마만큼 알고 있나?

성폭력, 성희롱, 성추행, 성폭행의 뜻

어느 강연장에서 한 양육자가 이렇게 물어왔다.

"강사님, 아이가 성폭력이 무엇인지 물어보는데 뭐라고 말할지 모르겠어요. 성폭력에 대해 어떻게 설명해야 할까요?"

성폭력이 잘못되고 나쁜 것이라는 사실은 알고 있지만, 실제로 아이에게 설명하기란 쉽지 않다. 무작정 나쁘다고 말하기 이전에 양육자로부터 성폭력이 무엇인지 정확히 이해해야 한다.

단순히 눈에 보이는 폭력을 행하는 것만이 성폭력은 아니다. 성폭력이라고 하면 보통 누군가에게 성적으로 크게 위협을 받거나 강간을 당한다는 것만 생각하는데, 일상에서 느끼는 불편함도 성폭력이 될 수 있다.

예를 들어 사람의 외모나 몸매에 대해 기분 나쁘게 평가하는 것도 성폭력이 될 수 있다. 우선 성폭력, 성희롱, 성추행, 성폭행에 대해 들을 때마다 헷갈리는 분들이 많아 정확한 개념부터 설명하겠다.

| 성폭력, 성희롱, 성추행, 성폭행의 구분 |

성폭력	상대방의 허락 없이 인간에게 가해지는 성을 매개로 한 폭력 행위다. 성희롱, 성추행, 성폭행 모두를 포함하는 개념이다. 성폭력 범죄의 처벌에 관한 특례법에 따르면 성폭력이란 상대방의 성적자기결정권을 침해하는 행위다. 성폭력은 음란 전화나 문자, 메일 등 통신 매체 또는 카메라를 이용한 행위, 성기 노출 등 신체 접촉 없이 행해지는 다양한 성적 행위를 포함한다.
성희롱	성희롱은 성에 관계된 말과 행동으로 상대방에게 불쾌감, 굴욕감 등을 주거나 고용상 불이익을 주는 등의 손해를 끼치는 행위다. 보통 언어적 성폭력이라고 잘못 알고 있다. 성희롱이란 업무와 고용 관계에서 지위를 이용하여 가하는 성폭력이다. 남녀고용평등법과 일·가정 양립 지원에 관한 법률 등에 조항이 설정되어 있다.
성추행	성폭력의 하나인 성추행은 강제추행을 뜻한다. 강제추행이 성희롱과 다른 것은 '폭행이나 협박'을 수단으로 '추행'하는 것이다. 형법 제298조에 따라 강제추행한 자는 10년 이하의 징역 또는 1500만 원 이하의 벌금을 물린다.
성폭행	상대방의 동의 없이 성관계를 강요하는 것으로 강간과 강간미수를 포함한다. 국내에서는 형법 제297조에 따라 폭행 또는 협박으로 사람을 강간한 자는 3년 이상의 유기징역에 처한다.

그럼 성범죄의 원인은 무엇일까? '노출, 음주, 시간, 장소, 날씨, 가해자' 여섯 가지 중에 어떤 것이 원인이 될 수 있을까? 성범죄의 원인에는 어떤 것이 있는지 곰곰이 생각해보자.

성범죄는 '100% 가해자 잘못'이다

당신은 성범죄의 원인에 대해 혹시 노출, 음주, 시간, 장소, 날씨, 가해자 중 몇 가지를 고르거나, 모든 요인이 원인이라고 생각하지 않았나? 성교육 강의 때 이 문제를 내면 대부분이 "노출요! 음주요! 장소요! 흠. 다인 것 같은데요?"라고 말한다.

하지만 성범죄는 전적으로 가해자 잘못이다. 피해자가 어두컴컴한 환경에 있거나 조심하지 못해서 일어난 게 아니다. "가해자가 범행하기로 마음먹었기(한국다양성연구소 김지학 소장)" 때문에 일어난 것이다.

| 다음 중 성범죄 발생 원인을 고른다면? |

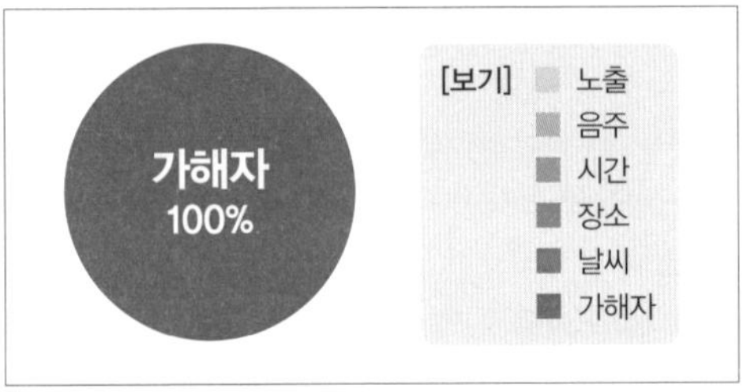

출처 : 한국다양성연구소

보통 기업이나 기관으로 성폭력·성희롱 예방 교육을 나가면 이런 이야기를 종종 듣는다.

"섹시한 여성이 짧은 치마를 입으면 남자들이 성욕구가 더 일어나지 않나요? 그렇게 야하게 입은 사람도 어느 정도 책임 있는 거 아니에요?"

이렇게 이야기를 들을 때마다 답답하긴 하지만 나는 최대한 친절하게 그리고 논리적으로 다른 게 왜 원인이 아닌지 하나씩 설명한다.

| 성범죄의 원인으로 오인받는 요소들 |

노출	짧은 치마가 성범죄의 원인이다? 이슬람 국가 여성은 히잡(이슬람의 여성들이 머리와 목 등을 가리기 위해서 쓰는 두건의 일종)을 쓰고 다닌다. 히잡을 쓰면 여성의 얼굴 또는 눈만 보인다. 노출이 원인이라면 그 나라는 성범죄자가 여성의 눈만 찌를까? 누가 봐도 말이 안 된다. 예전에 벨기에 수도 브뤼셀에서 성범죄를 당했던 사람들의 옷을 가지고 전시회를 열었다. 전시회에 있었던 옷은 노출이 있는 옷이 아니라 대부분 평범한 헌 옷이었다.[16] 노출이 성범죄의 원인이라고 하는 것은 피해자에게 원인을 돌리는 잘못된 생각이다.
음주	술은 아무 잘못이 없다. 성교육 강의 때마다 나는 이렇게 외친다. "술이 사람을 못나게 만드는 게 아니라, 술은 원래 그 사람이 못난 사람인 걸 보여준다!" 이렇게 말하면 많은 분이 고개를 끄덕거리며 공감한다. 성범죄는 술이 원인이 아니라 술을 먹고 성범죄를 저지른 가해자의 잘못이다.
시간 장소 날씨	모두 다 원인이 될 수 없다. 시간, 장소, 날씨가 문제가 아니다. 이게 원인이라고 말하는 것은 피해자에게 2차 가해를 가하는 것과 마찬가지다. 이런 환경이 문제가 아니라 모두 가해자에게 원인이 있다.

양육자부터 성폭력에 대한 정확한 이해가 필요하다

양육자부터 성폭력에 대한 정확한 이해와 감수성이 필요하다. 자녀가 성폭력 피해를 당했을 때 "왜 그때 거기 간 거야? 네가 조심했어야지"라고 2차 가해를 하는 양육자가 있다. 이런 양육자의 무지로 인해 아이가 성폭력 피해 사실을 말하지 못하거나 상처를 더 받게 되는 것이다. 양육자뿐만이 아니라 학교에서 성교육을 가르치는 선생님이나 심지어 성교육 강사도 피해자가 조심해야 한다고 가르칠 때가 있다.

그래서 아이보다 어른이 먼저 성교육을 받고 변해야 한다. 나도 과거에는 성범죄의 원인이 가해자 이외에 다른 것도 조금은 원인이 될 수 있다고 생각했다. 무지했던 그때의 나를 반성한다. 가해자가 없다면 피해자도 없다! 양육자부터 성폭력에 대한 이해와 감수성을 높이자. 그래서 내 아이에게 제대로 된 성교육을 하자.

♀♂

아이 성교육은 성평등 교육임을 명심하라

엄마, 아빠의 역할은 정해져 있지 않다

양육자 성교육을 가면 대부분 청중이 여성이다. 특히 아드님을 키우는 엄마들이 고민이 많다. 자신이 여성이다 보니 남자인 아들에 대해 잘 몰라 어떻게 성교육을 해야 할지 어려워하기 때문이다. 아빠 성교육을 할 때도 마찬가지로 어떻게 딸에게 성교육을 할지 어려워한다.

보통 아들은 아빠가, 딸은 엄마가 성교육을 하는 게 좋은지 물어보는데 상관없다. 물론 같은 성별이 성교육을 해주면 장점이 있다. 엄마가 딸의 몸의 변화나 월경에 대해, 아빠가 아들의 몸의 변화나 몽정에 관해 설명해주기가 수월하다.

하지만 꼭 같은 성별이라고 좋은 것은 아니다. 같은 성별이라도 아이 교육에 관심이 없거나 관계 형성이 잘 되어 있지 않은 양육자가 성교육을 하면 아이가 불편해하고 듣기 싫어한다. 굳이 이렇게 역할을 나눠서 할 필요는 없다.

한부모가정을 대상으로도 성교육을 했지만, 양육자가 모두 있는 가정보다 오히려 더 성교육을 잘하고 있는 한부모가정도 있었다. 이런 생각을 하는 것도 사회가 정해놓은 성역할에 대한 고정관념 때문이다. 아이 성교육을 하기 전에 스스로 이런 성역할에 대한 고정관념을 가지고 있지는 않은지 점검해봐야 한다.

성역할 고정관념은 이래서 문제다

'성역할 고정관념'이란 한 문화권이 공유하고 있는 남녀 성별에 따라 각기 다르게 기대하는 행동 양식, 태도, 인성과 특성 등을 포함하는 생각을 의미한다. 즉 "남자는 ~하다", "여자는 ~하다"와 같은 특성에 대한 부분이나 "남자는 ~해야 한다", "여자는 ~해야 한다" 같은 행동 및 태도와 관련한 부분에서 고정된 기준을 가지고 있다는 것을 말한다. 이러한 성역할 고정관념은 출생 시부터 시작하여 생물학적인 요인에서보다는 사회화의 과정에서 학습된다.

이런 성역할 고정관념은 영유아기부터 형성되기 시작한다. 이 시기 이뤄지는 성정체성·성역할 등의 발달은 평생 지속해서 아이의 삶에 큰 영향을 끼친다. 〈유아의 성별에 따른 어머니 성역할 인식과 유아의 성역할 고정관념 및 리더십의 관계〉라는 논문에 따르면 성인 또는 양육자에게 형성된 성역할 고정관념은 일관된 경향성이 있고 변하기 어려우며, 나이가 들어감에 따라 더욱 강하게 고정되어간다는 특성이 있다고 말한다.[17)]

《선녀와 나무꾼》은 많은 사람이 아는 전래동화다. 여기에서 나무꾼은 결코 착한 사람이 아니다. 선녀가 목욕하는 것을 몰래 보고 옷을 훔치기까지 했다. 여기에 거짓말과 협박까지 한 성범죄자다. 그동안 우리는 나무꾼만이 주체이고 선녀는 객체로만 보았다. 남자인 나무꾼의 시각에서 이해했기 때문에 어떤 문제점이 있는지 알지 못했다.

현대 매체에서도 이런 성역할 고정관념을 볼 수 있다. 아이들에게 대통령만큼 최고로 인기가 높아 '뽀통령'이라고도 불리는 〈뽀롱뽀롱 뽀로로〉에도 성차별적 요소가 난무한다. 이 만화에서 놀이를 주도하는 것은 거의 뽀로로이며, 남성 캐릭터인 포비와 에디는 주로 뽀로로와 함께 듬직하고 똑똑하게 사건을 해결해나간다.

반면 여성 캐릭터인 루피와 패티는 남성 캐릭터에 비교해 수줍고 수동적인 모습을 자주 보인다. 뽀로로뿐만이 아니라 다양한 만화에서 성역할의 불균형은 심각하다. 이를 시청한 아이들이, 문제가 발생했을 때 해결하는 것은 거의 남성의 역할이라는 고정관념을 학습할 수 있다.[18)]

평등한 가사 배분이 성평등의 출발이다

아빠는 일 때문에 바빠 가사노동에 참여하기 힘들다고 말하는 사람도 있다. 하지만 이 주장은 틀렸다. 2019 여성 가족 패널 조사에서 소개된 〈남성의 가사노동과 배우자와의 관계 만족도 영향 분석 : 맞벌이 부부를 중심으로〉 연구 결과에 따르면 아내의 평일 가사노동은 하루 평균 139.27분인 데 반해 남편은 18.47분이었다. 남편의 가사 양이 아내의 8분의 1 수준이다.

이 분석은 맞벌이 부부인 3,231명의 여성을 대상으로 가정에서 자신과 남편의 가사노동에 대해 응답하는 방식으로 진행됐다. 우리나라 남성들의 평일 가사노동 시간은 여성의 10% 수준에 불과한 약 18분에 그쳤다. 주말에도 노동량 격차는 비슷한 수치를 보였다. 물론 노동시간의 차이가 있을 수 있지만, 가사노동 격차에 비하면 작은 수준이다.

남성의 가사노동량이 증가할수록 배우자와의 관계 만족도가 높아지고 이 효과는 평일과 주말 모두 일관되게 나타났다. 가사노동의 성평등한 배분은 개인 수준의 배우자와의 건강한 관계를 지지할 뿐 아니라 사회적 수준의 성평등 인식을 정착시키는 데 기여할 것이다.[19]

2015년 <TED>라는 강연회에서 성 연구 전문 사회학자 마이클 키멜은 남성이 가정일과 아이 양육을 분담할 때 더 건강해지고 흡연을 덜 하고 음주를 덜 하며, 우울증으로 진단받을 가능성이 더 낮고 처방약을 더 적게 복용한다고 했다.[20] 결국, 육아를 함께하는 남성이 더 행복하고 더 건강하다. 남성이 육아를 같이하는 것은 모두에게 이로운 윈윈 게임이다.

성교육 강의 때마다 말하지만, 육아는 도와주는 것이 아니다. '같이

하는 것'이다. 마찬가지로 성교육도 양육자 모두의 역할이다. 성교육뿐만 아니라 성평등한 가사일 배분은 성역할 고정관념을 갖지 않도록 하며 아이가 성평등한 관점을 가진 아이로 성장하도록 돕는다.

"남자가 나무라면 여자도 나무죠"

성교육을 할 때 나는 청중에게 "남자가 나무라면 여자는 무엇일까요?"라고 물어본다. 양육자 성교육 강연장에서는 보통 "물, 흙, 뿌리, 가지"라는 대답이 돌아온다. 초등학교 4학년 교실에서 아이들에게 똑같은 질문을 던졌는데 한 남학생이 이렇게 말했다.

"남자가 나무면 여자도 당연히 나무죠. 똑같은 사람 아니에요?"

그렇다. 초등학교 남학생이 한 말이 정답이다. 남자가 나무면 여자도 나무다! 이 아이의 말처럼 남녀를 동등한 입장에서 바라보고 양측 모두 인격적 주체로 인식해야 한다. 그동안 남자와 여자라는 이유만으로 역할을 구분했기 때문에 성역할 고정관념이 생기고 불평등과 차별이 생겼다.

앞으로의 시대는 성과 일치된 기대와 활동이 점점 해체될 것이다. 가정 내에서의 역할 분담도 마찬가지다. 이런 전통적 성역할은 남녀 직업 선택의 범위뿐만이 아니라 아이의 성장 가능성을 좁힌다. 성역할의 고정관념에 치우친 경험은 다양하고 무한한 인간의 능력을 발휘하게 될 기회를 줄일 것이다.[21]

가정에서부터 성역할에 대한 지나친 편견을 지양해야 한다. 양육자는 아이가 자신의 자질을 최대한으로 발휘할 수 있는 성역할 태도 형성에 책임을 져야 한다. 양쪽 성향을 두루 갖추고 균형 있게 키워가는 사람이 사회생활뿐만이 아니라 인간관계도 잘할 수 있다.

아이가 자유롭고 주체적인 아이로 성장할 수 있도록 양육자부터 성교육뿐만이 아니라 가사 부담에서도 함께하는 모범을 보이자.

아이 성교육은 성평등 교육임을 명심하라

남자아이가 여자 옷 또는 인형에 관심을 가지거나, 여자아이가 머리를 짧게 자르고 남자아이들과 어울리는 모습을 보면 많은 양육자가 걱정한다. 그래서 아이를 다그치거나 이런 행동을 하지 못하게 막는데 이건 더욱 좋지 않다. 이건 아이가 문제가 아니라 사회가 정한 성역할 고정관념이 문제인 것이다.

이런 고정관념이 문제가 되는 건 개인마다 다른 재능과 취향, 선호도가 성별에 따라 억제되고 강요되기 때문이다. 양육자들이 별 생각 없이 내뱉는 말에서도 아이들은 성역할에 대한 고정관념을 아주 자연스럽게 습득한다.

여자아이에게 칭찬의 의미로 "예쁘다"라고 하거나 남자아이에게 "남자가 울면 안 되지"라고 하는 말들이 그렇다. 어른들이 무의식적으로 하는 말과 행동이 아이에겐 자신이 취해야 할 적합한 행동과 가치관을 규정짓는 잣대가 된다. 이렇게 자란 아이는 점점 주인의식과 주체성을 잃어버리고 사회에서도 남의 눈치를 심하게 보게 된다. 결국 아이가 자유롭고 주체적으로 자라지 못하게 막는 것이다.

보통 남자와 여자가 싸우면 "남자는 여자를 때리면 안 돼!"라고 가르치는데 이는 잘못된 교육 방법이다. "사람은 사람을 때려서는 안 된다"라고 가르쳐야 한다.

유럽 성평등 연구소는 성 고정관념이 사람의 천부적인 재능과 능력의 발달을 제한할 수 있다고 정의했다. 아이들은 물론 성인들도 성에 대한 고정관념에 노출되면 교육과 전문적인 경험, 다양한 기회를 제대로 활용할 수 없다고 보고 있다.[22)]

차별이 아닌 차이를 존중하자

'성평등(性平等)'은 모든 사람이 정치·경제·사회·문화적으로 평등한 대우를 받아야 하고 성별에 근거하여 차별 대우를 받으면 안 된다는 관점이다. 남자와 여자는 생물학적인 관점에서 보면 어느 정도 차이가 있다. 하지만 이런 생물학적인 차이가 절대 차별이 되어서는 안 된다.

우선 차이와 차별의 뜻을 알아보자. '차이'는 서로 같지 아니하고 다름. 또는 그런 정도나 상태를 말한다. '차별'은 둘 이상의 대상을 각각 등급이나 수준 따위의 차이를 두어서 구별하는 것이다.

차이에서는 인정과 존중이 나올 수 있지만, 차별에서는 무시와 혐오가 나온다. 차별은 성차별만 있는 것은 아니다. 인종차별, 장애인 차별, 성 소수자 차별, 다문화가정 차별 등 세상에는 수많은 차별이 존재한다.

아이에게 남자와 여자의 차이에 관해 이야기할 수 있다. 하지만 이런 성별로 인해 아이를 차별해서는 안 된다. 양육자가 먼저 '차이'하고 '차별'을 명확히 이해해야 아이를 성평등한 관점을 가진 아이로 기를 수 있다. 성이 평등하지 못하면 개인 또는 사회 안에서 성차별이 생긴다. 이런 성차별은 성폭력을 낳기 때문에 성평등한 사회가 되는 것은 매우 중요하다.

♀♂

"아기는 어떻게 생겨요?"라는 질문에 어떻게 대처하는가?

난감한 질문에 대처하는 양육자의 자세

어느 날 한 아빠가 올린 트위터 글에 네티즌들의 반응이 뜨겁다 못해 난리가 났다.

> 어느 날, 초등학교 둘째 놈이 갑자기 "아빠 섹스해봤어?" 물어보기에 순간 당황해서 "아직"이라고 했다.

초등학생 아들의 질문에 당황한 아빠의 대답은 사람들의 관심과 폭소를 자아냈다. 리트윗(공유)이 무려 16,000번 넘게 일어났다. 크게 쟁점이 되어 추가 질문은 없었는지 물어봤는데, 그 후에 엄마한테도 같은 질문을 했다고 한다. 그러자 엄마는 "해봤다"고 이야기했다. 누구랑 해봤냐고 물어보기에 좀 더 크면 자연스럽게 알게 될 거라고 했단다. 그 바람에 현재 상황은 아버지를 아버지라 부르지 못하는 상황이 생겼다. 졸지에 아이가 홍길동이 되어버린 것이다.

섹스해봤냐는 질문도 당황스럽긴 하지만, 여러분은 아이가 "아기는 어떻게 생겨?"라고 물어봤을 때 어떻게 대답할 것인가? 다른 질문보다 성에 관한 질문은 양육자를 무척 당황스럽게 만든다. 양육자조차도 제대로 된 성교육을 받지 못했기 때문에 그럴 때 당황하거나 회피하기 바쁘다. 당황스러운 질문이지만, 이제는 여기에 대해 현실적으로 아이에게 알려줘야 한다. 이에 대한 대답은 총 세 가지가 있다.

성관계는 있는 그대로, 필요한 내용만 알려주자

첫 번째 대답은 성관계와 관련한 것이다. 아이들에게 성관계는 있는 그대로 설명하되, 필요한 내용만 알려주는 것이 좋다.

아이는 엄마와 아빠의 '성관계'를 통해 생긴다. 성관계를 표현하는 방법은 참 어렵다. 남성의 음경이 여성의 질로 들어가는 걸 말한다는 것 자체가 아이에게 부끄럽다. 하지만 여기에 대해 아이에게 잘 설명해야 아이가 자신의 몸을 소중하게 여기고 부끄럽지 않게 생각한다. 연령별로는 다음과 같이 설명하면 된다.

유아들의 질문은 "엄마, 하늘은 왜 파란 거야?" 같은 질문으로 받아들이면 된다. 보통 이때가 되면 남자와 여자를 구분하기 시작하고 질문이 많아진다. 순간 궁금하긴 하지만, 깊이 있는 답을 원하는 건 아니다. 따라서 이렇게 대답하면 된다.

"엄마와 아빠가 사랑해서 아빠의 아기씨와 엄마의 아기씨가 만나서 소중하고 아름다운 아기가 되는 거야."

더 구체적으로 알고 싶어 하면 블록이나 레고 같이 결합하는 장난감으로 설명해주면 된다. 초등학생 이후에는 좀 더 자세히 설명한다. 아이들은 정자와 난자가 만나 아이가 생겼다는 사실이 궁금한 게 아니다. 도대체 '어떻게 정자와 난자가 만나는지가 궁금한 것'이다. 만약 아이가 이걸 물어보면 이렇게 대답하라.

"아빠의 음경이 엄마의 질 속으로 들어가 정자를 난자로 운반하는 거야. 아빠의 음경에서 나온 정자가 엄마 몸속에 있는 난자에 들어가서 아기가 되는 거지. 둘이 만나기 위해서는 엄마의 생식기와 아빠의 생식기와의 접촉이 필요해."

여기서 아이가 더 깊게 알기 원한다면 성교육 그림책을 사서 보여주면 된다. 남녀 생식기 구조를 설명하고 성관계하는 그림을 보여주면서 친절하게 설명하면 된다.

인공수정과 시험관 아기에 대해 알려주자

두 번째로, 아이들에게 성관계가 아닌 경로로 태어나는 경우를 설명해준다. 우리는 보통 성관계를 통해서만 아이를 가질 수 있다고 생각한다. 하지만 이제는 성관계를 하지 않아도 아이를 가질 수 있는 시대다. 아이를 갖는 방법 중에서 '인공수정과 시험관 아기'가 있다. 이제는 의학의 도움을 받아서 아이를 가질 수 있다.

인공수정과 시험관 아기는 아이를 갖기 힘든 사람들이 주로 사용하는 방법이다. 변화된 시대에 맞게 아이에게 성관계뿐만 아니라 다양한 방법으로 아이를 가질 수 있다고 가르쳐주자.

가슴으로 낳은 아이들, 입양

세 번째로, 입양에 대해서도 설명한다. '입양'은 버려진 아이가 아니라 지켜진 아이다. 아기를 갖는 방법 중에 내가 가장 중요하다고 생각하는 것이 바로 '입양'이다. 아이는 꼭 양육자의 몸을 통해서만 가지는 것이 아니다. 입양을 통해서도 아이를 가질 수 있다. 입양까지 설명해줘야 성교육이 지식의 영역을 넘어 인성교육까지 된다. 그리고 아이들이 세상을 바라보는 시각이 넓어지고 타인을 존중하는 마음이 생긴다. 2018년 SBS 〈집사부일체〉 프로그램에 신애라 씨가 나왔다. 차인표, 신애라 부부는 두 딸을 입양했다. 신애라 씨는 방송에서 입양아는 버려진 아이가 아니라 '지켜진 아이'라고 했다. 버려진 게 아니라 지켜졌기 때문에 입양이 된 것이다. 그리고 이렇게 말했다.

"입양이란 선행이 아니고 또 다른 가족의 형태일 뿐이라는 걸 사람들이 받아들였으면 좋겠다."

성교육 강사로서 기존의 성교육 책이나 강의에서 가장 아쉬웠던 점이 '입양'에 대한 설명이다. 혹시 아이를 갖는 방법 중에 입양에 관해 설명하는 책을 보거나 성교육 강의를 들은 적이 있는가? 이미 선진국에서는 입양도 보편적인 문화로 자리 잡고 있는데 아직도 우리나라는 입양에 관해서는 사회적 시신이 따갑고 불편하다.

기존의 임신과 출산 등 생물학적인 성교육만 진행했던 것을 이제 '리뉴얼'해야 한다. 생물학적인 것을 넘어 다양한 가족의 형태를 설명하는 포괄적인 성교육이 필요하다. 나는 얼른 한국에서도 입양이라는 것이 선행이 아닌 자연스러운 문화로 정착되었으면 좋겠다.

자연스럽고 밝은 태도를 가지고 설명하라

"아기는 어떻게 생겨요?"라는 질문에 대한 세 가지 대답을 알아봤다. 첫째로 성관계, 둘째로 인공수정과 시험관 아기, 셋째로 입양이다. 이 세 가지를 설명할 때 가장 중요한 것은 '양육자의 자연스럽고 밝은 태도'다. 이런 질문에 대한 대답을 계속 회피하거나 부정적으로 보는 것은 좋지 않다. 여기에 대해 잘 몰라도 괜찮다. 아이의 이런 질문을 잘 받아들이고 같이 공부하는 것만으로도 충분히 의미가 있다.

"아기가 어떻게 생겨요?"라는 질문에 당황하지 않는 양육자는 없을 것이다. 이제 이 책을 읽는 순간부터 '지금이 성교육을 시작할 시기이자, 자녀와 성에 관해 대화할 수 있는 절호의 기회다'라고 생각해보는 건 어떨까? 자녀의 성 관련 질문에 양육자가 자연스럽고 밝게 대답한다면 앞으로 당신의 자녀 성교육은 좋은 방향으로 진행될 것이다.

♀♂

양육자라도 자녀에 대한 스킨십 동의는 필수다

고슴도치 딜레마, '경계'가 중요한 이유

"남편이 저희 딸을 안고 뽀뽀하는 걸 너무 좋아해요. 제가 보기에도 불편하고요. 사춘기 딸은 싫어하는데 남편은 그때마다 아빠에 대한 사랑이 식었냐며 섭섭해합니다. 어떡하죠?"

성교육 강의를 마치고 Q&A를 진행하면 가장 많이 받는 질문 중 하나가 스킨십이다. 스킨십은 양육자들이 가장 고민하는 주제 중 하나다. 위 사례 같은 경우 아빠가 딸에게 동의를 구하지 않고 스킨십을 계속하는 바람에 딸과의 관계마저 급속도로 안 좋아졌다.

사랑한다고 반드시 스킨십을 해야 할까? 자녀가 싫어하는데도 스킨십을 하는 것은 사랑이 아니다. 자칫 자녀에게는 신체적, 정서적 폭력이 될 수 있다. 서로 사랑한다면 가족 안에서도 경계가 필요하고 규칙을 세워야 한다.

'경계'란 앞에서 말했듯이 누구나 존중받아야 하는 신체적, 물리적, 언어적, 정서적인 개인 영역을 말한다. 우리는 일상 속에서 누구나 경계를 느낄 수 있다. 강의 중에 내가 "안녕하세요~!!"라고 인사하며 뜬금없이 청중에게 가까이 가서 쳐다보면 어떨까? 청중은 부담스러워서 뒤로 피할 것이다. 어떠한 맥락 없이 그 사람의 경계 안에 내가 침범했기 때문이다.

독일의 철학자 쇼펜하우어의 《희망에 대하여》에는 고슴도치 딜레마에 대해 나온다. 추운 겨울날, 고슴도치들이 가까이 모여 있기로 했다. 하지만 고슴도치들이 서로 가까이 갈수록 그들의 바늘이 서로를 찌르기 시작했다. 그들은 즉각 서로에게서 떨어졌다.

하지만 매서운 추위로 고슴도치들은 다시 모여들었고 다시 같은 일이 반복되었다. 이후 고슴도치들은 다른 고슴도치와 최소한의 간격(적절한 거리)을 두는 것이 최고의 방법(서로에 대한 예의와 존중)이라는 것을 발견했다.[23)]

고슴도치의 사례지만 인간관계에서도 적용이 되는 말이다. 위에서 언급한 고슴도치는 신체적인 경계에 관해서만 설명했지만, 심리적인 경계도 있다. 개인적이고 사적인 질문을 한다거나 불쾌한 시선으로 쳐다보는 것은 심리적인 경계를 침범한 것이다. 신체적으로 가까이 가지 않더라도 이런 질문과 시선은 굉장히 불편하다.

가족끼리라도 경계를 침범하고 동의 없이 껴안거나 뽀뽀하면 안 된다. '경계가 무너지면 관계마저 무너질 수 있다.' 이처럼 가족 안에서도 서로 간의 경계를 존중하고 규칙을 세워야 다투지 않는다. 그래서 경계와 동의에 대한 교육이 필요하다.

'동의'를 통해 아이의 감정과 판단을 존중하라

우리는 일상생활에서 수없이 동의를 구하는 상황에 마주친다. 함께 식당을 갔다고 가정해보자. 무작정 내가 좋아하는 음식만 시키는 사람은 없을 것이다. 서로 먹고 싶은 것이 무엇인지 물어보고, 동의를 구한 뒤에 음식을 주문한다.

친구가 허락도 없이 내 스마트폰을 뺏어가서 보면 어떨까? 친한 사이라도 당연히 기분이 나쁠 것이다. 가져가기 전에 무슨 이유에서 필요한 건지 충분히 설명하고 동의를 구해야 한다. 충분히 설명했어도 내가 원하지 않으면 빌릴 수가 없고 그 의견을 존중해야 한다.

성도 마찬가지다. 어른이 아이에게 스킨십을 할 때도 동의를 구해야 하고, 이때 선택권은 아이에게 있다. 양육자라도 "안아봐도 되니?", "뽀뽀해도 될까?"라고 동의를 구해야 한다.

하지만 이런 동의는 일상에서 자주 무너진다. 아이가 스킨십을 하기 싫은데도 "1년에 몇 번만 보는 사이인데 꼭 어른에게 그래야겠어?"라며 타일러서 억지로 하게 한다. 이건 아이의 감정과 판단을 무시하는 것이다. 이러면 양육자는 아이의 신뢰를 잃게 되고 아이도 다른 사람에게 묻지 않고 경계에 함부로 침범할 수 있다.

만약 아이가 거부한다면 아이의 의견을 충분히 듣고 "아이가 지금은 싫다고 하는데 하지 말아주세요"라고 말해야 한다. 이렇게 하면 아이는 "엄마, 아빠가 나를 보호해주는구나"라고 양육자를 신뢰하게 되고 다른 사람에게도 동의를 구하는 아이가 된다.

KBS 예능 프로그램 〈슈퍼맨이 돌아왔다〉에 출연하는 축구선수 박주호는 아이 앞에서 다른 사람의 강아지에게 간식을 줄 때도 주인에게 "간식 줘도 되나요?"라고 동의를 구한다. 그래서 딸인 나은이도 강아지를 만지기 전 주인에게 "만져봐도 돼요?"라고 조심스럽게 물어본다. 동의 교육이 아주 잘 된 사례다.

스스로 판단하도록 알려주자

동의 교육이 중요한 이유는 첫째, 아이에게 위험한 상황을 빠르게 인지할 수 있는 감각을 길러주기 때문이다.

아이들은 모르는 사람이 만졌을 때는 문제가 있다는 걸 알지만, 아는 사람이 만졌을 때는 자신에게 하는 행동이 애정 표현인지 성폭력 행동인지 구별하기 어려우므로 성폭력에 대해 인식하고 판단하기가 어렵다. 아이들이 모르는 사람보다 아는 사람에게 주로 성폭력을 당하는 통계를 볼 때 아이가 이를 인식하는지의 여부는 매우 중요하다.

어릴 때부터 동의에 대한 교육을 잘 받은 아이는 모르는 사람이든 아는 사람이든 자신의 몸을 동의 없이 함부로 만지면 그 상황을 인지하고 거부하게 된다. 그리고 그 일에 대해 양육자한테 이야기할 것이다. 이렇듯 동의 교육은 자신의 경계를 인지하고 보호하는 데 필요한 것이다.

둘째, 이렇게 동의 교육을 잘해야 다른 사람의 경계를 함부로 침범하지 않는다.

어렸을 때부터 자신의 경계가 쉽게 침범당한 아이는 다른 사람의 경계를 침범할 때도 문제를 인지하지 못한다. 따라서 가정에서부터 양육자가 아이의 몸을 만질 때 동의 구하기를 훈련해야 한다. 그래야 내 아이가 다른 사람의 경계에 쉽게 침범하지 않고, 또 함부로 만지지 않는다.

이렇게 자신의 경계를 인지하고 자기 몸을 보호하기 위해서 그리고 다른 사람의 경계를 함부로 침범하지 않기 위해서는 동의 교육이 필요하다. 물론 자녀에게 매번 동의를 구하라는 것은 아니다. 학교에서 돌아오는 자녀를 아무 말 없이 편하게 안아주듯이, 이는 상황에 따라 다르게 적용되며 적절히 사용해야 한다.

동의는 양육자와 아이 모두에게 필요하다

양육자가 아이를 만질 때뿐만 아니라 반대로 아이가 양육자의 몸을 만질 때도 동의 구하는 훈련을 해야 한다. 아무리 친밀한 가족이라도 아이가 양육자의 경계를 침범하고 몸을 만진다면 동의 교육이 필요하다. 단순히 "안 돼! 하지 마!"라며 다그치거나 혼을 내지 말자. 차분하게 양육자가 느끼는 불편함에 대한 감정을 정리해서 말하고, 왜 안 되는지에 대해 분명하게 설명해줘야 한다.

여기서 중요한 건 한 번의 동의 교육으로 절대 아이가 다 알아듣거나 바뀌지 않는다는 점이다. 그동안 만지던 습관이 계속 누적되어 쌓여왔는데 한 번 말한다고 바뀐다는 건 양육자 욕심이다. 이 경계와 동의 교육은 일상에서 지속적이고 반복적으로 해야 한다.

양육자부터 아이의 경계를 존중하고 일상 가운데에서 꾸준히 교육을 해줘야 아이가 사람 간의 경계를 인지하고 존중한다. 쉬운 일은 아니지만 이런 경계와 동의 교육을 통해서 아이는 다른 사람을 생각하고 존중하는 인간관계에 대해서도 배우게 된다. 인간관계에 대한 교육은 다른 어떤 교육보다 중요한 교육이다. 그 첫걸음을 가정에서 꼭 시작하자.

3장

연령별 성교육(2~6세)

유아도
성적 존재다

♀♂

유아는 성적 호기심이 싹트는 시기다

"유아도 반드시 성교육을 받아야 합니다"

전국을 다니며 어린이집, 유치원에서 양육자 성교육 강의를 하면 어린 유아에게 성교육을 해도 괜찮은지 물어보는 양육자가 있다. 그때마다 나는 이렇게 말한다.

"유아도 반드시 성교육을 받아야 합니다."

유아기 때가 되면 아이들은 성에 대해 호기심을 가지고 질문하기 시작한다. "아기는 어떻게 생기는 거야?", "엄마는 왜 나랑 달라?" 등의 질문을 한다. 유네스코(국제연합교육과학문화기구)의 국제 성교육 지침서는 다섯 살 때부터 성교육을 시작하라고 권고한다.

아이들이 묻는 성 관련 질문이나 성적인 행동에 양육자가 알맞게 대처를 하지 못하거나 그냥 넘겨버리면 양육자 또는 친구의 성기에 관심을 가져 함부로 만질 수 있다. 따라서 성에 대한 호기심이 부쩍 늘어나는 유아기에 적절한 성교육을 해야 한다.

스웨덴은 세계 최초로 성교육을 의무화한 나라로, 만 네 살부터 성교육을 시작한다.[24] 10대 임신율이 가장 낮다는 네덜란드의 경우 네 살 때부터 가정에서 성교육을 시작하고 유치원에 올라가면 아이들이 스스로 느끼고 알도록 토론식으로 성교육을 진행한다.

유아도 '성폭력'을 저지를 수 있다

유아 같은 경우에는 아직 인지적으로 발달하지 못한 시기라 성인이나 또래가 자신에게 하는 행동이 애정 표현인지 성폭력 행동인지 구별하기 어렵다. 만약 성폭력이라는 것을 인식하더라도 자신의 경험을 선생님이나 양육자에게 표현하는 능력이 부족하다. 이 때문에 유아들은 성폭력 상황에 무방비로 노출되어 있다. 안타깝게도 유아들은 성인뿐만이 아니라 같은 또래에게 성폭력을 당해도 잘 대처하지 못할 때가 많다.

성피해 상담 기관인 해바라기센터와 여성 긴급전화 1366센터에 접수된 10세 미만 아동의 성추행 피해 상담 건수는 2016년 317명, 2017년 480명, 2018년 519명으로 매해 꾸준히 증가했다.[25]

유아끼리 옷을 벗기거나 만지는 사건, 서로 성기 노출을 하고 성기에 상처가 날 때까지 만지는 사건 등 유아 성폭력이 비일비재하게 일어나고 있다. 이런 유아 성폭력 문제로 양육자들의 걱정이 이만저만이 아니다. 이제 더는 유아의 성교육을 그냥 넘겨서는 안 된다. 교육기관뿐만이 아니라 양육자도 자신의 아이에게 적극적으로 성교육을 해야 한다.

시기적절한 유아 성교육이 유아들의 성폭력 문제를 예방하는 데 도움을 줄 수 있다. 〈유아 성폭력 예방 교육의 효과에 관한 연구〉라는 논문에 따르면 만 5세 40명의 유아를 대상으로 유아 성폭력 예방 교육을 한 결과 실험집단이 비교 집단보다 성폭력 인식의 향상 정도가 높았다.

실험집단의 유아들은 성폭력 예방 교육에 참여하면서 몸의 소중함 인식, 자신과 타인의 부적절한 성적 행동 인식, 성폭력 유발 상황 인식, 성폭력 상황 대처 방법 인식 모두 비교 집단보다 향상되었다.

특히 성폭력 유발 상황 인식과 성폭력 상황 대처 방법 인식은 실험집단의 경우 사후검사에서 사전검사보다 두 배 정도 높은 점수를 받아 성폭력 예방 교육이 유아들의 성폭력 유발 상황 인식과 대처 방법 인식에 크게 효과가 있음을 알 수 있었다.[26)]

그리고 〈유아 성폭력 예방 교육 활동이 만 4세 유아의 성폭력 인식에 미치는 효과〉라는 논문에서도 마찬가지로 유아 성폭력 예방 교육을 통해 실험집단이 통제집단보다 성폭력과 성폭력 상황 대처 방법 인식이 향상되었음이 증명되었다.[27)] 이 일련의 연구들이 보여주듯이 유아 성교육은 아이들에게 몸에 대한 소중함을 인식시키고 성폭력에 대한 문제를 방지하는 데 도움이 된다.

"아빠가 안아봐도 돼요?"

이제 가정에서도 양육자가 유아 성교육을 해야 한다. 사랑이 담긴 스킨십을 하되 가끔은 "아빠가 안아봐도 돼요?", "뽀뽀해도 될까?", "아빠지만 너의 몸은 너의 것이고 소중하니깐 이렇게 물어보는 거야"라며 동의를 구하는 연습을 해야 한다.

자신과 타인 누구라도 몸을 함부로 만져서는 안 된다고 생활 속에서 알려주어야 한다. 그리고 혹시라도 누군가가 자신을 함부로 만졌을 때 양육자에게 이야기하도록 가르쳐야 한다. 특히, 집에서 목욕하거나 옷을 갈아입히거나 함께 놀아줄 때, 아이가 자신의 성기나 양육자의 성기를 함부로 만진다면 그때마다 꼭 알려주어야 한다.

이처럼 유아에게 하는 양육자의 성교육은 아이에게 몸에 대한 소중한 인식을 길러주고 성폭력 문제를 방지하는 데 도움이 된다. 더불어 자녀가 어릴 때부터 올바른 윤리의식과 성 태도를 확립하는 토대를 마련할 것이다.

♀♂

유아의 성적 발달 단계 특징

프로이트에 따른 유아의 성적 발달 단계

유아 성교육을 잘하기 위해서는 유아의 성을 올바르게 이해해야 한다. 양육자는 유아를 단순히 아기 취급해서 성적인 존재로 인정하지 않는데 이것은 잘못된 생각이다. 유아 역시 '성적인 존재'다. 이런 유아의 성을 양육자부터 올바르게 이해하고 있어야 당황하지 않고 성교육을 할 수 있다.

유아는 기본적으로 '나'와 신체에 대한 인식과 탐구가 필요한 시기다. 따라서 신체에 대한 인식이 충분한 상태에서 교육하는 것이 좋다. 예를 들어 신체 이름도 잘 모르는 아이에게 대뜸 성폭력에 관해 이야기하는 것은 좋지 않다. 자기 몸의 이름을 먼저 알아보고 아이의 발달 상황을 파악한 뒤, 그것에 맞게 성교육을 하는 것이 중요하다.

유아의 성을 올바르게 이해하기 위해서는 정신분석학자 프로이트가 주장한 성 발달 이론을 참고하면 좋다. 프로이트는 "성(性)은 단순히 성교만 해당하는 것이 아니고 신체에 쾌감을 일으키는 모든 것을 포함한다"라고 말했다.

예를 들면, 입으로 빠는 행위, 배설하는 행위 또는 보유, 흔드는 것과 같은 신체 운동, 물거나 꼬집는 것과 같은 공격적인 행동까지 포함된다. 단계의 명칭도 성적 에너지(libido)가 민감하게 일어나는 신체 부위에 따라 5단계로 구분했다.[28] 성적 에너지, 즉 리비도란 사람이 내재적으로 가진 성욕 또는 성적 충동이다. 이 중 영유아의 단계에서는 세 가지 특징이 나타난다.

구강기, 항문기, 남근기를 거친다

첫 번째 단계인 구강기는 출생 후부터 생후 약 1세까지에 해당한다. 이 단계의 성적 에너지는 생존과 밀접하게 관련된 입, 입술, 혀와 같은 구강 영역에 주로 집중된다. 그래서 빨기와 삼키기, 뱉는 것, 깨무는 것을 통해 만족감을 얻는다. 구강기에 욕구를 충족하지 못하면 극도의 의존성을 보인다.

두 번째 단계인 항문기는 1~3세에 해당한다. 항문이 성적 쾌감을 주는 시기다. 이 단계 아이들의 성적 에너지는 구강에서 항문으로 옮겨지고 신경계의 발달로 인해 아이는 의지에 따라 괄약근을 조절하면서 배변이나 배뇨를 조절한다. 이러한 변의 배출과 보유가 만족의 원천이 된다. 배변 훈련에서 양육자의 태도가 아이 성격에 미치는 영향이 크다.

세 번째 단계인 남근기는 '성기기'라고도 불리며, 3~6세까지 지속하는 단계다. 이 단계의 성적 에너지는 항문에서 성기로 옮겨진다. 이 단계에서 유아는 성기에 유독 관심을 많이 가진다.

이 단계의 유아들은 출생과 성에 대한 질문을 하기 시작한다. 자신과 타인의 성기를 관찰하고 자신의 성기를 자주 만져 때로는 양육자를 당황하게 만든다.[29)]

양육자부터 유아의 세 가지 특징에 대해 잘 알고 있어야 유아의 성적 행동을 보고 당황하지 않는다. 특히, 유아들의 성적 행동이 본격적으로 나타나는 시기가 '남근기(성기기)'다. 이 시기에 대해 양육자부터 바로 이해하고 경계 존중 교육을 포함한 성교육을 시작해야 한다.

발달 상황에 따라 꾸준히 해야 한다

유아 성교육을 잘하기 위해서는 자신의 아이가 어떤 발달 상황에 있는지와 해당 단계에 맞는 교육이 어떻게 이뤄져야 하는지 아는 게 중요하다. 유아의 성적 행동을 단순히 '잘못된 것'으로 받아들이거나 외면하는 건 아이의 성장과 교육에 도움이 되지 않는다. 그리고 양육자부터 성을 건강하게 인식한 상태에서 아이를 바라봐야 아이를 올바르게 지도할 수 있다.

아이들을 둘러싼 주변 환경은 빠르게 변화하고 있다. 유아들도 우리 사회에 맞는 체계적인 성교육이 필요하다. 유아의 성적 행동을 인정하되 상대방에게 피해를 주는 행위는 하면 안 된다는 것을 명확하게 인지시켜야 한다. 이 부분을 양육자가 잘 수행해야만 아이가 올바르게 성장할 수 있다. 유아의 성적 행동에 대처하는 방법은 뒤에서 자세히 다뤘다.

유아들은 성교육을 들어도 대부분 금방 잊는다. 그래서 기관에서 교육을 잘 받았더라도 가정에서 지속적인 교육이 이뤄지지 않으면 소용이 없다. 따라서 기관뿐만 아니라 가정에서도 양육자가 꾸준히 성교육을 해야 한다.

♀♂

소중한 곳의 이름을 정확하게 알려주어라

"고자! 고자!! 고자!!!요"

유아들을 만나 성교육을 하면 남자는 자신의 소중한 부위를 '고추', 여자는 '잠지'라고 말한다. 어릴 때부터 양육자 또는 양육자가 그렇게 불러왔기 때문이다. 이 표현 자체가 나쁘거나 문제가 있는 건 아니지만 유아기부터는 되도록 소중한 곳을 정확한 이름으로 알려주는 것이 좋다. 언어는 사람의 의식과 가치관에 막대한 영향을 주기 때문이다. 따라서 어릴 때부터 성에 관해 정확하고 올바른 이름을 알려주는 것은 매우 중요하다.

성기의 이름을 어릴 때부터 정확하게 알려주어야 하는 이유는 아이가 자라면서 점점 성기를 가리키는 말이 변하기 때문이다. 아주 어렸을 때는 '고추, 잠지'하다가 조금 나이가 들면 아이들은 장난삼아 '거시기, 소시지, 조개, 부랄'이라고 부른다. 그러다가 좀 더 심해지면 '자지, 보지,' 심지어 '좆'이라고 표현한다.

문제는 이렇게 부르는 표현 중 대부분이 성기를 비하하는 의미가 담겨 있다는 데 있다. 이런 단어는 아이들에게 성을 가볍게 여기거나 부정적 인식을 줄 수 있다. 그래서 어릴 때부터 성기의 정확한 이름을 알려주어야 한다.

유치원에서 유아들을 대상으로 성교육을 하고 있었다. 얼굴부터 시작해 몸의 이름을 하나씩 배우고 있었다. 그림을 보여주며 남성의 성기인 음경 쪽을 가리켰는데 갑자기 7세 남자아이가 큰 목소리로 이렇게 말했다.

"고자! 고자!! 고자!!!요."

나는 처음에 고추라는 말을 잘못해서 고자라고 한 줄 알았다. 다른 아이들은 "고자가 뭔데? 그거 아니야, 고추야 고추!"라고 알려주고 있었다. 성교육을 마치고 아이에게 다가가 어디에서 그런 말을 들었냐고 조용히 물어봤다. 고자라고 말한 아이도 스스로 부끄러웠는지 내 귓속에 대고 이렇게 속삭였다.

"형이 말이에요, 유튜브에서 '내가 고자라니!'라는 영상을 봤대요."

"내가 고자라니!"라는 말은 아이들 사이에서 흔히 쓰는 말이다. '고자'라는 뜻은 아이를 가질 수 없는 불구의 남자 또는 성관계를 할 수 없는 사람을 비하해 부르는 표현으로 좋지 못한 말이다. 아이들은 고자에 대한 뜻도 잘 모르고 '고자 새끼'라며 비하할 때도 있다. 그날 아이에게 언어순화 교육을 해주며 성기의 정확한 이름과 우리 몸의 소중함에 대해 알려주었다.

감히 입 밖으로 내지 못했던 이름

나는 유아들에게 성교육을 할 때 몸에 대한 퀴즈를 낸다. 얼굴이나 몸의 부위를 가리키고 이 부위의 이름을 말하게 한다. 코를 가리키면 아이들은 '코', 입을 가리키면 '입', 다리를 가리키면 '다리'라고 또박또박 이야기를 잘한다. 그러다 성기 쪽을 가리키면 아이들은 곰곰이 생각하다가 '고추'라고 말한다.

아쉬운 건 남자아이들의 성기인 고추는 누구나 쉽게 말하지만, 여자아이들의 성기인 '잠지'는 아이들이 잘 모르거나 말하지 못한다는 것이다. 심지어 여자아이의 성기도 '고추'라고 부른다. 대개 남자의 성기를 지칭하는 단어는 많고 말하기 자유로운 데 반해, 여자 성기를 지칭하는 단어는 그에 반해 적고 또 말하기를 조심스러워한다. 우리 엄마 시대에는 성기에 대해 말하는 것 자체를 금기시했다. 그나마 남자의 성기는 고추라고 불렀지만, 여자의 성기에 대해서는 부르기는커녕 감히 입 밖으로 꺼내기도 힘들었다고 한다.

나는 아이들에게 "우리 얼굴의 눈, 코, 입, 귀의 이름을 정확하게 아는 것처럼 성기에 대해서도 정확한 이름을 알아야 해요"라고 말하며 "남자의 성기는 음경이고요, 여자의 성기는 음순입니다"라고 반복적으로 알려준다. 이렇게 성기의 이름을 정확하게 알려주어야 자기 몸과 성에 대해 자연스럽게 접하고 긍정적인 인식을 갖게 된다.

특히 어릴 때부터 성기의 이름을 제대로 알려주어야 커서도 제대로 사용한다. 유아들이 어휘력이 늘었을 때 어릴 적 불렀던 말과 함께 정확한 이름을 알려주면 된다. 보통 '까까'를 '과자', '맘마'를 '밥'이라고 부르는 것처럼 말이다. 이처럼 고추는 '음경', 잠지는 '음순'이라고 자연스럽게 불러주면 된다.

양육자가 해야 한다

소중한 곳의 이름에 대해 가장 잘 알려줄 수 있는 사람은 성교육 전문가나 선생님이 아니다. 몇 번의 교육만으로는 아이들이 가르쳐준 이름으로 부르지 않는다. 이걸 가장 잘 알려줄 수 있는 사람은 바로 양육자다. 매번 일상에서 자주 쓰는 말이기 때문이다.

아침에 일어나 아이가 옷을 갈아입거나 화장실에서 용변을 볼 때 그리고 목욕할 때마다 자연스럽게 알려줄 수 있다. 아이에게 '음경'과 '음순'이라고 정확한 이름을 알려주자.

요즘은 생식기를 부르는 이름도 변하고 있다. 그동안 아이가 자라는 곳을 주로 '자궁'이라 불렀다. 하지만 자궁의 자는 아들 자(子)다. 자식이라는 뜻도 있지만 주로 아들을 품는 곳이라고 생각될 여지가 있어 요즘은 세포 포(胞)를 사용하여 '포궁(세포가 자라는 집)'으로 사용되고 있다.

그리고 보통 성기를 소중한 곳이라고 많이 말하는데 그렇게만 말할 필요는 없다. “성기는 소중해서~”라고 계속 말하면 성기는 소중한 데 반해 다른 곳은 비교적으로 중요하지 않다고 아이가 받아들일 수 있다. 그럼 성기 외에 몸의 다른 부위는 아이들이 조금 무감각해질 수 있다. 성기뿐만이 아니라 우리 몸의 모든 부위가 소중함을 알게 하는 것이 중요하다.

성기는 소중하면서도 ‘약한 곳’이라 보호해줘야 하고, 아무 데서나 만지면 안 된다고 설명하면 된다. 그래서 속옷을 입는 것이다. 우리 몸 모든 곳의 이름이 있듯이 성기에도 이름이 있다. 얼굴의 눈, 코, 입, 귀처럼 성기도 우리가 잘 알아야 할 몸의 일부다. 자기 몸의 이름을 제대로 알지 못하는데 어떻게 자신을 바로 알고 사랑할 수 있을까?

‘성교육은 나를 사랑하고 내가 사랑하는 사람을 가장 올바르게 사랑하는 방법’이다. 성교육에서 가장 중요한 것은 자신을 사랑하는 방법을 배우는 것이다. 바로 그 출발점이 내 몸과 소중한 곳에 대해 올바르게 아는 것이다. 따라서 양육자가 아이에게 소중한 곳의 이름을 정확하게 알려주어야 한다.

♀♂

유아 자위행위, 혼내지 말고 지혜롭게 대처하라

유아들의 자위 이유는 다양하다

유아를 키우는 양육자를 만나면 가장 많이 받는 질문 중 하나가 바로 '자위'다. 양육자뿐만 아니라 선생님들도 아이들이 자위하는 것을 자주 본다.

〈어린이집·유치원 영유아의 자위행위 실태와 교사의 인식 및 대처 반응〉이라는 논문에 따르면, 어린이집과 유치원에 근무하는 교사들을 대상으로 영유아 자위 실태에 대한 설문조사를 진행한 결과 자위행위를 하는 영유아가 있다고 응답한 교사의 비율이 24.9%를 차지했다. 모집단은 418개 학급이었는데, 자위한다고 응답한 곳에서 자위행위를 하는 영유아가 '한 명'인 곳은 82개 반(78.9%), '두 명'인 곳은 15개

반(14.4%), '세 명'인 곳은 7개 반(6.7%)이었다.[30] 이 조사를 통해 유아들이 어느 정도 빈번하게 자위한다는 것을 알 수 있다.

성별에 상관없이 양육자들은 내 아이가 성기에 관심을 가지거나 만지면 놀라거나 민망해한다. 벌써 성에 호기심을 가지거나 이상한 행동을 하는 건 아닌지 걱정한다. 유아들이 하는 자위에 대해서는 양육자가 잘 알고 지혜롭게 대처해야 한다.

그렇다면 유아들은 왜 자위를 하는 것일까? 바로 '인간은 성적인 존재'이기 때문이다. 엄마 배 속에 있는 태아도 자위한다는 사실을 아는가? 미국 《초음파 의학저널(Journal of Ultrasound in Medicine)》에 실린 논문을 보면 배 속에서 태아가 자위하는 것이 초음파 사진으로 관찰된다. 태아는 손을 가지고 자신의 몸이나 손을 만지며 자위를 하고 발기가 되기도 한다.[31]

자위는 불결한 것도 이상한 것도 아니다. 인간이라면 할 수 있는 자연스러운 것이다. 유아도 성적인 존재다. 그래서 자위할 수 있다는 것을 양육자가 먼저 인정하고 받아들여야 한다.

앞에서도 말했듯이 정신분석학자 프로이트에 따르면 3~6세는 남근기에 해당하는 시기다. 이때는 일차적인 성감대가 성기로 집중이 된다. 자신의 욕구를 충족하는 것이 성기로 옮겨가는 것이다. 우연히 손이나 물체가 성기에 닿아 자극되었을 때 그 감각을 알게 된다. 그 느낌이 좋다 보니 자극이 필요할 때 자신의 성기를 만지거나 인형 또는 바닥에 비비기도 한다.

유아 자위는 성적인 욕구로만 하는 게 아니라 심리적, 환경적 요인으로도 할 수 있다. 심심하거나 정서적으로 공허한 아이들의 경우 허전한 욕구를 채우기 위해 자위를 하기도 한다. 성기가 다칠 정도로 심하게 하거나 남들이 보는 앞에서 하지 않는 이상 딱히 문제가 될 게 없는 정상적인 행동이다. 문제는 자위하는 아이를 보고 양육자가 무작정 겁을 주거나 혼을 낼 때 생긴다.

유아의 자위 행위에 지혜롭게 대처하는 세 가지 방법

만약 유아인 내 아이가 자위하는 모습을 본다면 아래와 같이 대처하라.

첫째, 혼내는 것은 절대 금물! 친절하게 설명하라.

자위하는 유아기 아이를 보면 대개 그 행동을 멈추게 하려고 겁을 주거나 혼을 낸다. 예를 들면 "안 돼! 그렇게 만지면 혼나! 자꾸 만지면 고추 떨어져! 벌레 나와!" 등 겁을 주거나 윽박지른다. 이런 부정적인 표현은 아이에게 성기가 더럽다는 인식과 함께 자위에 대한 죄책감을 준다. 이러면 아이는 자위를 고치기보다 양육자 몰래 하거나 더 심하게 한다. 이런 부정적인 방법보다는 "그렇게 계속 만지면 성기가 약하기 때문에 다치거나 병균이 들어갈 수 있어요"라고 친절하게 설명해주자.

보통 아이가 자위하면 아이가 좋아할 만한 장난감으로 호기심을 자연스럽게 돌리는 방법을 사용하기도 한다. 이런 방법은 성기에 관한 관심을 줄여주기 때문에 순간적인 효과가 있다. 하지만 너무 억지로 관심을 돌리려고 하면 아이가 성기와 자위에 대해 부정적인 느낌을 받기 때문에 주의해야 한다. 양육자의 말과 행동이 모두 편안하고 친절해야 아이가 겁먹지 않고 자연스럽게 받아들인다.

둘째, 심하게 자위하거나 밖에서 하면 '행동 제한'을 일관되게 가르쳐라.

유아 자위는 심하게 하지 않는다면 위에서 말한 방법을 사용하거나 그냥 지켜보는 것도 좋다. 나이가 들면서 이런 자위 행동은 점점 줄어들게 된다. 하지만 계속 심하게 하거나 사람들이 있는 앞에서도 할 때는 양육자가 왜 안 되는지 분명하게 알려줘야 한다.

특히 엎드려서 세게 압박 자위를 하거나 날카로운 모서리에 비비는 자위를 하면 성기가 다칠 수 있다. 또 다른 사람들이 보는 앞에서 자위행위를 하면 사람들이 불편함을 느낀다. 이럴 때는 "그렇게 만지거나 비비면 성기가 다칠 수 있어", "이렇게 남들 보는 앞에서 하면 부끄럽고 피해가 돼요"라고 계속해서 알려주어라.

자위를 심하게 계속하는데 단지 횟수를 제한하거나 줄이는 것은 도움이 되지 않는다. 잘못된 자위행위를 고치기 위해서는 행동을 제한해야 한다. 앞에 말했듯이 친절하게 설명하되 왜 그렇게 하면 안 되는지를 일관되고 반복적으로 가르쳐라. 절대 한 번만으로는 안 된다. 계속해서 알려줘야 한다.

셋째, 주변 환경이 어떤지 살펴보자.

자위하는 아이를 보았을 때는 아이가 성기를 만지느냐 안 만지느냐에만 관심을 쏟지 말자. '왜 아이가 자위를 하는가?', '무엇 때문에 이런 행동을 하는가?'에 대해 더 관심을 가져야 한다. 만약 아이가 잘 씻지 못하면 성기 감염으로 인한 가려움증으로 계속 손으로 성기를 만질 수 있다. 그리고 아이가 혹시 꽉 끼는 팬티나 옷을 입어 불편하지는 않은지도 살펴봐야 한다.

요즘은 환경적인 요인이 크다. 유아기의 아이들은 밖으로 나가 자연 속에서 뛰어놀며 몸의 에너지를 발산해야 한다. 그런데 계속 집이나 안에 갇혀 살다 보니 스트레스를 받아서 자위하는 경우도 종종 있다.

따라서 아이가 자위할 때만 하지 말라고 하기보다 아이의 욕구를 충족시켜주는 것이 필요하다. 나는 양육자에게 되도록 집에만 있지 말고 자주 아이와 함께 밖으로 나가 산책도 하고 같이 놀아주라고 권한다.

혼을 내도, 방치해서도 안 된다

처음에 혼내지 말라고 했지만, 아이가 유아 자위하는 걸 그냥 방치해서도 안 된다. 앞의 세 가지 방법으로도 해결되지 않으면 그때는 반드시 전문가를 찾아야 한다. 병원에 가서 아이의 성기가 다쳤거나 아파서 하는 것은 아닌지, 따로 특별한 이유가 있는지를 알아봐야 한다.

또는 성교육 전문가를 찾아서 성교육을 받는 것도 좋은 방법이다. 앞으로는 자위하는 아이를 보았을 때 당황하거나 혼내지 말자. 그때야말로 아이에게 성교육을 할 시기다. 아이를 꾸준히 관찰하고 서로 대화함으로써 유아 자위 행동에 지혜롭게 대처하자.

♀♂

유아의 성적 놀이, 신중하게 바라보고 대처하라

아이들에겐 또 다른 놀이일 뿐이다

유아를 키우는 양육자들의 걱정이 이만저만이 아니다. 매년 성적 놀이에 관련된 사건 사고가 끊임없이 발생하고 있기 때문이다. 성폭력 상담 센터인 해바라기센터에 따르면 2017년 아홉 살 이하의 아이가 성폭력 가해자로 지목된 성폭력 상담이 무려 428건이었다.

유아기 아이들이 성기를 만지는 것도 모자라 손가락을 성기 또는 항문에 넣는 사건도 발생하고 있다. 유아의 성적 놀이에 대해서는 너무 심각하게 봐서도 안 되지만, 그렇다고 해서 그냥 아이들의 놀이라고 넘겨서도 절대 안 된다. 양육자부터 성적 놀이에 대해 신중히 바라보고 대처해야 한다.

왜 유아들은 성적 놀이를 할까? '성적 놀이'란 어린이가 어른의 성적 행위를 하는 것이다. 아이들이 좋아하고 자주 하는 놀이에 가정생활을 반영시킨 것이 성적 놀이다.

성적 놀이를 하는 이유는 인간의 성 발달 과정에서 유아기 아이들이 자기 몸에 대한 탐색, 타인에 대한 인식, 성별의 차이에 대한 인식 등을 발달 과업으로 삼고 있기 때문이다. 유아기의 성적 놀이는 소꿉놀이, 병원놀이, 결혼 놀이 등 자연스럽고 건강한 놀이다.

이런 놀이를 통해 인간의 발달 과정을 하나씩 밟아가고 있는 것이다. 아이들은 성적 놀이를 통해 자신과 타인에 대해 알아가고 관계를 형성하기 시작한다. 유아에게는 놀이가 생활의 전부라고 해도 과언이 아니다. 아이들이 성적 놀이를 하는 것은 아이가 잘 자라고 있다는 증거이기도 하다.

하지만 이런 성적 놀이를 하는 과정에서 옷 벗기기, 성기 만지기 등의 성폭력이 일어나기도 한다. 유아들은 이것이 어떤 의미가 있는지 잘 모른 채 하는 경우가 많은데, 요즘은 스마트폰이 일찍 보급되어 왜곡된 미디어를 보고 쉽게 따라 하거나 모방해서 큰 문제가 발생하기도 한다. 양육자뿐만이 아니라 선생님도 유아에게 성적 놀이에 대한 예절과 경계를 알려주어야 한다.

잘못된 성적 놀이를 하고 있다면

성적 놀이를 하는 아이를 보면 어떻게 해야 할까? 유아도 성적인 존재라는 것을 인정한다면 양육자의 당황하는 마음도 조금은 안심이 될 것이다. 다음 두 가지를 기억하자.

첫째, 혼내거나 겁주지 마라.

유아 자위와 마찬가지로 성적 놀이도 겁을 주거나 혼내서는 안 된다. 아이들의 성적 놀이를 '놀이'라고 받아들였다면 이런 모습을 보더라도 놀라지 말고 일단 지켜보자. 노는 아이를 놀지 못하게 하거나 화를 내면 오히려 더 좋지 않다.

둘째, 놀이에 대한 예절을 알려줘라(안전삼각지대).

어떤 놀이든 간에 서로 간의 예절이 필요하다. 놀이하면서 함부로 몸을 보여주거나 만지는 것은 예절을 어기는 것이다. 유아의 성적 놀이도 마찬가지다. 유아를 성교육할 때는 다음과 같이 예절에 대해 알려주어라.

1. '안전삼각지대'를 통해 경계 세우기

안전삼각지대 교육은 아이들에게 몸의 안전삼각지대를 알려주어 이 경계에 함부로 침범하지 않도록 하는 교육이다. 아이를 앞에 세우고 진행하면 된다. 아이에게 두 팔을 위로 들게 하고 삼각형을 만든 뒤에 아래로 내리도록 해보자. 그러면 '앞에는 가슴부터 시작해 배꼽과 성기, 뒤에는 엉덩이 부위'가 들어간다.

우리 몸은 다 소중해서 아무 데도 함부로 만질 수 없는데 특히 이 부위는 장난으로 만지거나 놀이하며 친구에게 보여주거나 봐서는 안 된다고 알려주자. 만일 아이들끼리 놀고 있는데 옷을 벗기거나 성기를 만지는 모습을 보게 된다면 이 안전삼각지대를 통해 경계 존중 교육을 포함한 교육을 하면 된다.

| 경계 존중을 배우는 안전삼각지대 교육법 |

두 팔을 위로 든다.

두 손을 맞닿게 한다.

(앞) 그대로 내린다.

(뒤) 뒤로도 손을 모은다.

2. 상대방이 싫어하면 하지 않는다

성적 놀이가 아무리 즐겁다고 해도 친구가 싫어하는데 강요하거나 억지로 하는 것은 안 된다. 그것은 상대방의 경계를 침범하는 것이고 성폭력이 될 수 있다. 그때는 "친구가 싫대. 아무리 네가 좋아도 친구가 싫으면 하지 않는 거야"라고 알려주자.

다른 아이가 싫어하는데도 계속 성적 놀이를 강요한다면 분명하게 잘못된 점을 이해시키고 사과하도록 해야 한다. 이처럼 아이가 실수를 했을 때 무엇을 잘못했는지 알려주고 잘못을 고칠 수 있도록 도와주는 것이 성폭력을 막는 최선의 방법이다.

빠르고 현명하게 바로잡아야 한다

유아 때부터 양육자가 아이에게 경계 존중 교육을 가르쳐야 한다. 다른 사람이 자신의 경계를 침입하거나 만질 때 '아니요'라고 할 수 있도록 알려주자. 이와 함께 '아니요'라고 말하는 상대의 의견과 감정을 배려하고 존중해야 한다는 것도 함께 알려주어야 한다.

양육자에게 당부하자면 유아들은 아직 어리기 때문에 미숙할 수 있다는 것이다. 유아끼리의 성폭력 문제가 발생한다면 일단 천천히 신중하게 생각하라. 유아니까 놀다 보면 실수할 수도 있다. 사소한 실수라면 성교육을 통해 올바르게 지도하면 된다.

여기에 대해 크게 혼내거나 성폭력으로 바로 단정 지어버리면 아이들이 가장 크게 두려움을 느끼고 상처받는다. 실수로 만졌거나 심하지 않으면 아이의 행동을 바로잡아주는 게 현명한 방법이다. 만약 성폭력이 확실하다면 가해자 아이와 양육자는 진심을 다해 사과하고 재발 방지를 위해 노력해야 한다.

가정에서 성적 놀이 예절에 대해 지속해서 알려줬는데도 계속해서 문제가 발생한다면 전문가를 찾아라. 양육자가 모든 아이의 문제를 해결할 수는 없다. 전문적인 상담과 치료를 통해 해결해야 한다. 유아의 성적 놀이에 대해 양육자부터 바로 알고 잘 대처하자.

♀♂

아이와의 목욕, 천천히 분리하라

누구라도 불편하다면 따로 목욕하라

"딸아이가 욕실에서 씻고 나오면 다 벗고 돌아다녀요. 그냥 둬도 되나요?" (6세 딸 양육자)

"성별이 다른 남매는 목욕을 언제까지 해야 하나요? 7세 딸과 5세 아들이 같이 목욕해요. 우리 집은 서로 벗고 다니고 몸을 보여주는 걸 부끄러워하거나 어색해하지 않아요. 요즘은 좀 걱정되는데 이제 바꿔야 할까요?" (7세 딸, 5세 아들을 둔 양육자)

성교육 강의를 나가면 이처럼 양육자와 자녀 사이, 서로 성별이 다른 남매의 목욕에 대해 어떻게 하면 좋은지 하늘의 별처럼 많은 질문을 받는다. 아이가 아주 어렸을 때는 혼자 씻지 못하니 당연히 양육자가 씻겨줘야 하고 그것이 자연스럽다.

목욕은 가장 기본이 되는 생활 습관이자 건강을 위한 가장 효과적인 예방법이다. 목욕을 통해 아이들은 자신의 몸과 양육자의 몸을 온전히 바라보고 성에 대해 자연스럽게 알게 된다. 양육자와 함께하는 목욕은 아이에게 정서적 안정과 친밀감을 주는 놀이다. 하지만 이런 목욕도 5세 정도가 되면 조금씩 분리하는 연습을 하는 것이 좋다.

목욕에 대해서는 가정마다 문화가 있고 분리하는 시기가 다양하다. 아이가 초등학생인데도 다 같이 벗고 함께 목욕하는 양육자도 있다. 이렇듯 가정마다 목욕에 대한 문화가 다르므로 정해진 답은 따로 없다.

그러나 가장 중요한 원칙은 있다. '양육자와 자녀 중 누구라도 나이와 상관없이 불편하거나 몸을 보이기 싫어한다면 분리해야' 한다. 불편하게 느낀 사람의 의견을 무시하거나 대수롭지 않게 생각하면 절대 안 된다. 누구의 의견이라도 반드시 존중받아야 한다.

그럼 가족끼리 함께 목욕하는 것이 서로 불편하지 않으면 어떨까? 굳이 불편함을 느끼지 않더라도 나는 초등학교에 들어가기 전 약 5~7세 사이에 천천히 목욕을 분리하라고 권한다.

같이 목욕하며 양육자의 몸을 계속 보여주는 것이 자연스럽다고 말하는 분도 있다. 오히려 숨기면 더 호기심을 갖는다는 것이다. 그러나 나는 반대다. 오히려 너무 보여주면 양육자와 자녀 사이의 경계와 허물이 없어지고 함부로 보거나 만질 수 있다. 그래서 아이가 다른 성별을 인지하는 유아기부터 목욕을 분리하는 것이 서로의 몸을 존중하는 데 도움이 된다.

유치원에서 팬티를 벗고 돌아다닌 아이

7세 딸과 같이 목욕하는 아빠가 있었다. 아빠와 딸이 모두 벗은 상태이다 보니 딸이 자연스레 아빠의 성기를 보게 되었다. 가끔은 아빠의 성기를 만지며 장난을 쳤다. 아빠는 어리니까 그럴 수 있다고 생각해 그냥 넘어갔다.

어느 날처럼 아빠와 딸이 같이 목욕을 하고 있었다. 그날은 딸이 갑자기 주먹을 움켜주더니 아빠의 성기를 힘차게 쳤다. 아빠는 그 자리에서 "악!" 하고 비명을 질렀다. 딸이 자기도 모르게 아빠의 성기를 가지고 놀다가 친 것이다. 그날 이후로 딸에게 소중한 부위는 함부로 치면 안 된다고 교육하며 목욕을 분리했다고 한다. 아빠는 혹시나 유치원에서 다른 아이들에게 이러지 않을까 노심초사했다.

또 한 가정에서는 아빠하고 6세 아들이 씻고 나오면 아마존의 원시부족처럼 자유롭게 벗고 돌아다녔다. 엄마가 그 모습이 불편해 입으라고 말했는데도 아빠는 뭐가 문제냐며 대수롭지 않게 생각하고 넘어갔다. 아빠와 아들 모두 집에서 벗고 돌아다니는 것이 점점 일상이 되어갔다.

그러다 어느 날 유치원에서 일이 터지고야 말았다. 아들이 유치원 수업 중에 자신의 바지와 팬티를 벗고 돌아다닌 것이다. 그것도 모자라 친구들의 바지와 팬티까지 벗기고야 말았다. 결국 성폭력 사건으로 번졌고, 그 일로 아이는 유치원을 옮기게 되었다.

만 4세면 목욕탕에 다른 성별 출입금지

2020년부터는 개정된 공중위생관리법에 따라 대중목욕탕 이성 출입 연령이 만 4세로 바뀐다. 이를 어길 경우 목욕탕 주인은 300만 원 이하의 벌금을 물어야 한다. 보건복지부는 시행규칙을 개정한 이유로 '아이들의 발육 상태가 좋아지면서 목욕탕에서 민원이 자주 발생하는 것'을 들었다.[32)]

이제는 만 4세면 다른 성별의 양육자와 아이가 목욕탕에 같이 가면 안 된다. 이미 대중목욕탕에서는 법을 바꾸면서까지 나이 제한을 두었다. 이번 대중목욕탕 시행규칙 사례를 통해 우리는 시대의 흐름을 읽을 수 있다. 이제 다른 성별이면 집에서도 약 5세 정도부터 목욕을 천천히 분리해야 한다는 것이다.

우리집 초록불이 나가서도 초록불일 수는 없다

아이랑 늘 같이 씻었는데 거절하니까 아이가 힘들어하고 상처받는 것 같아 선불리 분리를 실행하지 못하는 양육자도 있다. 그렇다고 해서 목욕을 분리하지 못하면 양육자나 아이에게 모두 좋지 않다.

만약 아들이 엄마에게 왜 분리하냐고 물어본다면 "너는 남자이고 엄마는 여자잖아? 서로의 몸은 소중하고 가족끼리라도 함부로 보여주면 안 되기 때문에 이제는 분리하는 게 좋은 거야"라고 말해주자. 이제는 가족이라도 경계 존중이 필요하다는 것을 알려주는 것이다.

어른인 양육자부터 먼저 목욕을 마쳤다면 옷을 입고 나오자. 정 힘이 든다면 가운으로 가려서 안방에서 옷을 입거나 속옷 정도는 입고 나와야 한다. 기껏 아이에게 입고 나오라고 교육했는데 양육자가 생각 없이 벗고 나오면 그동안 교육했던 것이 무너진다.

다른 성별이 함께 목욕하거나 자유롭게 벗고 다니는 것이 괜찮다고 말하는 양육자도 있다. 그러나 이제는 성을 바라보는 시선과 문화가 크게 달라졌다. 우리가 어렸을 때 자연스럽게 생각한 것을 지금의 아이에게도 똑같이 적용하면 안 된다.

우리 집에서는 안전한 초록불이고 자연스러울지도 모른다. 그러나 집에서 자연스러운 초록불이 나가서 '빨간불'이 될 수도 있다. 집에서 자연스러운 행동이 밖에서 언제, 어떻게 나올지는 아무도 모른다. 그리고 집에서도 너무 자유로우면 안 된다.

가족이라도 서로 간의 경계 존중이 필요하다. 이제 양육자를 위해서나 아이를 위해서나 유아기 때부터 목욕을 천천히 분리하는 일을 시작하자.

4장

연령별 성교육(7~12세)

아동기 성교육은 문화로 접근하라

♀♂

문화를 알아야 대화가 된다

초등학생들의 최고 인기 플랫폼 유튜브

요즘 초등학생 중에 유튜브를 보지 않는 학생은 거의 없다. 바야흐로 유튜브의 시대가 오고 있다. 이런 유튜브 문화를 빠르게 습득하고 따라 하는 아이들과 비교해 양육자의 이해 속도는 나무늘보처럼 더디고 느리다. 한 엄마가 걱정스러운 표정으로 이렇게 말했다.

"강사님, 초등학교 2학년인 제 아이가 유튜브에 푹 빠져 있어요. 하루가 멀다 하고 매일 보고 있습니다. 얼마 전에는 어떤 유튜버가 갑자기 '섹스, 앙~ 기모띠!'한 걸 보고 아이가 갑자기 '앙~ 기모띠!'라고 말하는 거예요."

양육자는 아이가 이렇게 말하는 게 무슨 뜻인지 잘 모르고 대화하는 것도 버겁다. 그래서 성교육을 할 때도 우선 아이들의 문화를 알아야 잘할 수 있다.

요즘 아이들은 태어날 때부터 디지털 환경에 노출되었다. 이런 세대를 '디지털 원주민 세대'라고 부른다. 동영상에 익숙하고 양방향 소통을 선호하는 디지털 원주민 세대에게 가장 주목받는 플랫폼은 단연 '유튜브'다.

초등학생들에게 유튜브가 미치는 영향력이 날로 높아지고 있다. 초등 스마트 홈 러닝 프로그램 아이스크림 에듀가 전국 초등학생 27,317명을 대상으로 초등학생의 유튜브 사용 실태에 대해 설문조사를 했다. 조사 결과 75%의 초등학생들이 매주 유튜브를 본다고 답했다.

그렇다면 초등학생들이 유튜브를 시청하는 가장 큰 이유는 무엇일까? 조사 결과 유튜브를 보는 가장 큰 이유는 '좋아하는 크리에이터의 영상을 보는 것이 좋아서'가 39.9%로 1위, '관심 있는 분야의 영상을 찾아볼 수 있어서'가 35.1%로 2위를 차지했다.

설문조사에서 보다시피 유튜버들의 영향력은 막강하다. 요즘 아이들은 연예인보다는 유튜버에게 더 많은 관심을 기울이고 있다. 유튜브는 아이들의 놀이, 생활, 유행, 학습, 연예 등 문화와 생활 전반에 직접적인 영향을 미치고 있다.[33)]

유튜버는 최강 스타

아이들이 좋아하는 유튜버는 수없이 많다. 도티, 허팝, 양띵, 어썸

하은, 펭수를 비롯해 수많은 유튜버를 보며 아이들은 영향을 받는다. 그중 초등학생들이라면 누구나 아는 유튜버 '도티'가 있다. 도티는 뽀로로에 이어 초통령에 등극한 인물이다.

그는 2020년 1월을 기준으로 구독자 수 약 252만 명을 자랑한다. 유튜브에서 디지털 조립장난감 게임 마인크래프트와 다양한 콘텐츠를 선보이고 있으며 올라온 영상만 무려 3,000개가 넘고 총 조회 수는 22억 뷰에 이른다.[34)]

과거 MBC 예능 프로그램 〈무한도전〉에 나온 한 초등학생은 유재석은 잘 모르면서 도티를 알고 있는 것이 화제가 되기도 했다. 유재석에게 누구냐고 묻던 그 초등학생은 가장 좋아하는 인물로 도티를 꼽았다. 그만큼 도티는 초등학생들에게 영향력이 막강하다. 도티는 현재 많은 초등학생에게 사랑을 받으며 선한 영향력을 펼치고 있다.

이와 반대로 아이들에게 부정적인 영향을 주는 유튜버들도 있다. 구독자를 수십만 명씩 거느린 유명 유튜버들은 동영상에서 수시로 비속어를 남발하고 기행을 일삼는다. 이런 유튜버들은 영향력도 커서 이들의 말은 초등학생, 청소년 사이에서 자연스럽게 유행어가 됐다.[35)]

많은 초등학생이 이런 BJ들의 욕설과 여성 혐오적 언어를 그대로 따라 하는 충격적인 영상을 찍어 올리기도 한다. 한 초등학생 엄마는 아이들이 이런 걸 보면서 폭력적이고 잘못된 걸 배울까 봐 무척 걱정하며 "이렇게 악랄한 유튜버들은 인터넷이나 유튜브에서 격리했으면 좋겠어요"라고 비판하기도 했다.

아이들의 문화를 알아야 성교육도 잘할 수 있다

일부 양육자들은 아이들이 자극적이고 오락적인 콘텐츠에 노출되는 것을 막기 위해 유튜브를 보지 못하게 하기도 한다. 그러나 이미 아이들의 일상에 깊숙이 스며든 유튜브를 막기란 거의 불가능하다. 무조건 막는 것보다는 유튜브 제한 모드를 설정하거나, 아이와 함께 유튜브 시청 규칙을 정하는 등의 방법을 통해 해결하는 것이 바람직하다.

나는 성교육을 할 때 오히려 유튜브를 아이들과 소통 창구로 사용한다. 성교육 강의 때 초등학생들을 만나면 "너희들 혹시 유튜브 보니? 유튜버 누구누구 알아?"라며 대화의 물꼬를 튼다. 도티부터 시작해 아이들이 좋아하는 유튜버들에 관한 이야기를 우선 듣는다. 그리고 욕을 자주 하거나 나쁜 영향을 미치는 유튜버가 혹시 있는지 물어본다. 그럼 아이들은 그런 유튜버들을 줄줄이 이야기한다. 그러다 보면 잠깐의 대화로도 아이들과 빠르게 공감과 소통이 된다.

지금 양육자가 아이들에게 성교육을 하기 힘든 이유 중 하나는 아이들의 성 문화를 잘 모르기 때문이다. 유튜브를 비롯해 다양한 매체들은 끊임없이 변하고 홍수처럼 몰려들어 아이들의 성 문화를 위협하고 있다. 그래서 이런 문화를 잘 모르면 아이에게 성교육은커녕 대화조차 힘들다. 성교육도 우선 아이들의 문화를 잘 알고 대화가 되어야 가능하다.

성교육을 잘하려면 아이들이 접하는 문화를 양육자가 잘 알고 있어야 한다. 아이가 유튜브를 본다면 내 아이가 관심을 가지는 유튜버는 누구인지 물어보자. 그리고 때로는 아이와 함께 유튜브를 봐도 좋다. 그중에서 혹시 성에 관해 자극적이고 왜곡된 콘텐츠가 있는지 알아보자.

자극적인 성 콘텐츠 또는 유튜버를 발견한다면 그것이 어떤 문제점이 있는지 아이와 대화하면 된다. 이런 대화를 통해 아이에게 판단력과 분별력을 길러주는 것이 바로 성교육이다. 양육자가 적극적으로 아이들의 문화에 들어가야 문제를 바로 파악하고 해결할 수 있다.

이렇게 초등학생 성교육은 아이들의 문화로 접근하는 것이 가장 빠르고 올바른 방법이다. 그 해결의 시작은 바로 양육자의 적극적인 참여와 노력 속에 있다.

♀♂

빨라진 성조숙증, 몸과 마음 교육을 해야 한다

빨리 크는 아이들 한 해 약 10만 명

"강사님, 제 딸이 아홉 살인데 벌써 생리를 시작했어요. 요즘은 성조숙증 때문에 생리를 빨리 시작하는 아이가 많다고 들었지만 제 딸이 이에 해당할 줄은 몰랐어요. 어떻게 해야 하나요?"

아이들의 성조숙증으로 고민하는 양육자가 많아졌다. 이제 겨우 열 살인 아이가 겨드랑이와 성기에 털이 나는 걸 보고서 놀라는 양육자도 있다. 또래보다 빠른 아이들의 이차성징을 보면 양육자들은 우선 당황하고 걱정한다.

성조숙증은 또래 아이들보다 이차성징(사춘기의 신체적인 변화)이 2년 정도 빠른 질환으로 여아는 8세 이전, 남아는 9세 이전에 변화가 시작되면 성조숙증으로 진단한다.

매년 성조숙증으로 병원을 찾는 경우가 계속 늘고 있다. 국민건강보험공단 통계에 따르면 2013년 67,021명에서 2017년 95,401명으로 42.3% 증가했다. 2013년부터 2017년까지 연평균으로 계산하면 매년 9.2%(28,380명) 증가했다. 2018년부터는 10만 명을 넘어섰다.

성조숙증은 여아가 압도적으로 많다. 전체 진료 인원의 89.9%인 85,806명이 여아로 9,595명인 남아보다 8.9배 많다. 대신 증가율은 남아가 2013년 5,935명에서 2017년 9,595명으로 연평균 12.8% 늘어 같은 기간 여아보다 높은 증가율을 보인다. 최근에는 남아 환자 연평균 증가율이 증가하는 추세를 보인다.[36] 대체 성조숙증이 일어나는 원인은 무엇이며 어떤 증상을 보일까?

원인과 증상, 해결 방법

1. 성조숙증의 원인

성조숙증 진료가 느는 것에 대해 전문의들은 환경오염과 서구화된 식생활 변화에 따른 비만, 가족력 등이 있다고 말한다. 성조숙증 질환은 방치할 경우 성장판이 일찍 닫혀 성인이 되었을 때 작을 확률이 높고 여아의 경우 초경이 빠르면 유방암 위험이 증가하는 것으로 알려졌다.

2. 성조숙증의 증상

성조숙증의 증상은 아래와 같이 다양하다. 이러한 변화가 나타나는 속도는 개인마다 다양하므로 세심한 관찰이 필요하다.

여자아이(만 8세 이전)

- 조기 유방 발달(가슴에 멍울이 잡힌다).
- 가슴이 간지럽거나 살짝 부딪혀도 아파한다.
- 피지 분비와 함께 여드름이 난다.
- 성기와 겨드랑이에 털이 난다.
- 냉 같은 분비물이 보인다.
- 10세 이전에 초경을 시작한다(초경이 시작되기 약 6개월~1년 전에 질 분비물이 나옴).

남자아이(만 9세 이전)

- 머리 냄새나 땀 냄새가 나기 시작한다.
- 고환이 커지고 거뭇해지기 시작한다.
- 피지 분비와 함께 여드름이 난다.
- 성기와 겨드랑이에 털이 난다.
- 목젖이 나온다.
- 변성기가 시작한다.
- 몽정을 한다.

이 외에도 이차성징이 오기 전에 자녀의 키가 5~6cm 이상 갑작스럽게 성장한다면 성조숙증을 의심해볼 수 있다. 처음에는 키가 잘 자라는 것처럼 보이지만 그만큼 키 성장이 마무리되는 시간도 빨라져 결국 키가 더 크지 않을 수도 있다.

3. 성조숙증 해결 방법

- 가공식품과 인스턴트 등의 음식은 되도록 자제한다.
- 하루 30분, 꾸준한 운동을 해서 아이가 과체중이 되지 않도록 관리해준다.
- 일회용품, 플라스틱 등의 사용을 자제한다.
- 스마트폰 사용 시간을 정하고 과도한 매체의 시청을 자제한다.
- 한 시간 이상 밖에서 활동하도록 하고 스트레스는 그때그때 풀 수 있도록 한다.
- 병원에 가서 진단을 받고 성조숙증 치료를 받는다.

양육자는 위와 같은 사항을 잘 기억하고 자녀의 신체 변화에 관심을 기울여야 한다. 만약 자녀가 성조숙증이 의심된다면 빨리 소아청소년과를 방문하여 진단과 치료를 받는 것이 중요하다.

병원에 가기 전에는 자녀가 당황하지 않도록 충분히 설명해야 한다. 아이가 병원 가는 것에 대해 두려움과 걱정이 생길 수 있기 때문이다. 그리고 위에서 말했듯이 병원 치료뿐만이 아니라 식습관, 운동, 수면과 같은 생활 관리가 반드시 병행되어야 한다.

빨라진 성조숙증, 자녀에게 몸과 마음 교육이 필요하다

성조숙증이 빨라진 만큼 미리 자녀에게 몸과 마음의 교육이 필요하다. 이른 나이에 갑자기 털이 나거나 가슴이 커지는 등 몸에 변화가 오기 시작하면 자녀들은 적잖이 당황한다. 그래서 성교육을 통해 사춘기 몸의 변화에 대해 자세히 알려주고 준비할 수 있도록 해야 한다.

특히 이차성징을 겪는 자녀가 자신의 몸을 자연스럽고 긍정적으로 받아들이도록 양육자가 성교육해야 한다. 예를 들어 아들이 음경의 크기에 대해 고민한다거나 딸이 가슴 크기 때문에 고민을 할 수 있다. 그러면 음경이나 가슴은 크기가 중요한 것이 아니라 작으면 작은 대로 크면 큰 대로, 있는 그대로의 나를 사랑할 줄 알아야 한다고 자녀에게 알려주어야 한다.

성조숙증이 와서 빠르게 몸의 변화가 일어나면 자녀가 더 불안하고 예민해질 수 있다. 양육자들은 자녀의 일차적인 성교육자로서 이런 자녀를 안심시키고 격려해줘야 한다. 사춘기를 겪는 아이들은 성 발달이나 성 체험에서 개인차가 나타나므로 가정에서 양육자들이 자연스럽게 성교육을 시키는 것이 가장 효과적이다.

♀♂

아들의 몽정과 발기, 이것만큼은 꼭 알고 가자

야한 꿈을 꿔야만 몽정을 하는 것은 아니다

양육자 성교육을 다니다 보면 아들을 키우는 엄마들의 고민이 많다. 성이 달라 아들의 몸에서 일어나는 몽정과 발기 등 성적 반응에 대해 어떻게 대처할지 난감해한다. 어떻게 하면 아들의 '몽정과 발기'에 대해 자연스럽게 설명하고 잘 대처할 수 있을까?

남자의 정자는 세 가지의 경우로 음경 밖으로 배출된다. 바로 사정, 몽정, 유정이다.

사정 (射精)	남성의 생식기에서 정액을 반사적으로 내쏘는 일이다. 생식기에 가해지는 자극 때문에 사정 중추가 흥분하면 일어난다. 보통 자위나 성관계를 할 때 배출된다.
몽정 (夢精)	이차성징 이후의 성숙한 남성이 수면 중에 사정하는 현상이다. 이차성징이 진행되는 청소년기에 처음 경험하여 평생 일어난다. 발기 상태에서나 발기가 되지 않은 상태에서나 일어날 수 있으며, 몽정 이후 잠에서 깰 수도 있고 계속 수면을 이어갈 수도 있다. 빈도는 사람마다 다르다. 청소년의 경우 대부분 몽정을 경험하지만, 전혀 경험하지 않는 경우도 있다. 사춘기의 청소년 대부분이 몽정으로 첫 사정을 경험한다.[37] 몽정은 꼭 야한 꿈을 꾸면서 사정하는 것이 아니다. 그리고 모든 남성이 몽정을 경험하는 것도 아니다. 만약 자위를 먼저 했을 경우 몽정을 경험하지 않을 수도 있다. 그리고 따로 정자를 배출하지 않아도 정자는 체내에 흡수되기도 하고 유정을 통해서도 배출된다.
유정 (遺精)	성행위와 관계없이 무의식적으로나 잠을 자지 않아도 사정하는 경우를 말한다. 보통 일상생활 속에서 자신의 의지와 상관없이 조금씩 나온다.

위 세 가지 경우를 다 알아야 아이에게 몽정에 대해 더 깊이 있게 설명할 수 있다.

굳이 몽정 파티를 할 필요는 없다

2018년 한 방송에서 어느 강사님이 아들에게 몽정(존중) 파티를 해줬다고 말해 화제가 된 적이 있었다. 그 이후로 자신의 아들도 몽정 파티를 하는 게 좋은지에 대한 질문을 종종 받는다. 이런 질문을 하는 양육자도 스스로 어찌할 줄 모르고 민망해서 물어보는 것이다.

나는 자녀와 미리 성에 관한 대화를 충분히 나누거나 관계가 좋지 않은 이상 굳이 파티까지는 하지 말라고 권한다. 양육자가 아직 성에 대해 민망해하고 어렵게 느끼는데 굳이 할 필요가 있을까? 아들의 입장에서는 민망하고 부담스러울 것이다.

평소에 성에 관해 대화를 나눠본 적이 없는 엄마가 갑자기 “아들, 혹시 몽정했니?”라고 말하거나 예고 없이 몽정 파티를 해줬다고 생각해봐라. 마치 딸과 서먹서먹한 아빠가 딸이 생리하는 것을 알고 갑자기 생리대를 사주고 생리 파티를 해준다는 것과 같다. 하고 싶다면 어느 정도 아이와 성에 관한 대화를 나누고 관계 형성이 이루어졌을 때 하는 것이 바람직하다.

아들의 몽정에 대해서는 세 가지 대처 방법이 있다.

첫째, 일단 양육자부터 몽정에 대해 공부하고 몽정은 성장의 신호라며 긍정적인 인식을 아들에게 주는 것이다.

둘째, 처음 몽정을 하면 당황스럽겠지만 차분히 음경을 씻고 자신의 속옷을 빨고 새 속옷을 입도록 알려주자.

셋째, 굳이 몽정 파티를 하고 싶다면 아들이 몽정에 대해 충분히 알고 관계 형성이 잘 되어 있을 때 진행하면 된다. 무리해서 파티를 열 필요는 없다. 아이가 몽정을 했다는 것을 알았다면 축하한다며 작은 선물을 주는 선에서 끝내도 좋다.

시도 때도 없는 ‘발기’, 당황하지 않도록 가르쳐라

아들의 발기 때문에 적잖이 당황하는 엄마도 있다. 발기는 나이에 상관없이 누구나 경험한다. 음경 속에는 한 개의 요도 해면체와 두 개의 음경 해면체가 있다. 해면체란 볼펜처럼 길고 스펀지처럼 부드러운 조직을 말한다. 해면체에 피가 가득 차서 혈관이 확장되면 발기가 일어난다. 음경 주변의 근육이 긴장하게 되고 음경이 딱딱해지는 것이다. 고무장갑에 물을 넣으면 손가락 부분이 부풀면서 단단해지는 것과 같은 원리라고 생각하면 된다.[38)]

이때 음경은 보통 때 길이의 몇 배로 커진다. 이것을 '발기'라고 한다. 임신 16주가 지나면 남자 태아는 발기할 수 있다. 실제 초음파 찍은 걸 보면 태아의 발기가 관찰된다.[39)] 보통 아침에 발기가 잘 되는데 남성은 하루에 수면 중에는 네다섯 번 정도 발기가 된다. 그렇게 하지 않으면 음경 해면체 혈관에는 섬유화가 생겨 피가 통하지 않게 된다. 남자의 발기는 음경을 보호하기 위해 극히 자연스럽게 이루어지는 신체 운동이다. 이 수면 발기는 아침까지 이어지기도 한다. 일명 '텐트를 쳤다'라고 사람들이 말한다.

발기는 부교감신경이 제어한다. 자극 때문에 일어나는데 성적인 자극뿐만이 아니라 신체 활동을 하거나 접촉이 일어나면 반사적으로 반응해서 일어난다. 따라서 편안하고 긴장을 많이 하지 않은 상태에서 더 발기가 잘되기 때문에 갑자기 음경이 꼿꼿이 일어설 수 있다. 이렇게 시도 때도 없는 발기 때문에 남자아이들은 곤욕을 겪는다. 특히 학교나 사람들이 많은 공공장소에서 발기가 되면 더욱 민망해한다.

한 엄마는 아들이 자신의 발기된 음경을 보여주며 "엄마, 갑자기 고추가 업그레이드됐어"라고 말했는데 너무 놀라 "변태!"라고 소리를 질렀다고 한다. 아이의 음경이 발기된 것을 보고 겁을 주거나 혼내서는 안 된다. 정작 아이 자신이 가장 당황스러울 일이기 때문이다.

자연스럽게 바라보고 따뜻하게 공감해주자

한 엄마는 어린 아들이 자꾸 발기되는 자신의 몸을 보고 왜 이러느냐며 울먹이자, 원래대로 돌려놓기 위해 옆에서 애국가를 4절까지 불러줬다고 한다. 발기 대처 방법으로 애국가 부르기, 가족 생각 등 여러 가지 방법이 있다고는 하나 중요한 것은 아이가 스스로 자신에게 맞는 방법을 찾는 것이다. 심호흡을 천천히 크게 하고 느긋이 생각하는 것도 한 방법이다.

어쩔 수 없이 되는 발기라면 '그러려니' 생각하고 자연스럽게 받아들여야 한다. 발기는 자연스럽고 신체가 건강하다는 증거라면서 당황한 아이에게 괜찮다고 말해주자. 그 상황을 공감해주는 것만으로도 아이는 당황하지 않고 잘 받아들인다. 참고로 발기는 남자뿐만이 아니라 여자도 된다. 남자처럼 눈에 확 띄지 않을 뿐이다.

발기가 된다는 건 건강하게 성장하고 있다는 증거다. 아이의 음경이 발기된 모습을 보거나 아이가 발기되었다고 말하면, 이를 자연스럽게 바라보고 따뜻하게 공감해주자.

♀♂

아들의 포경수술, 선택의 권리는 자녀에게 있다

남자아이들의 공포, 포경수술

"강사님, 초등학생 때 수술받는 게 좋다고 하더라고요. 그래서 이번 방학 때 포경수술을 시키려고 하는데 괜찮을까요?" (초등학생 양육자)

"선생님, 이번 방학 때 엄마가 포경수술받으래요. 드디어 올 것이 왔어요. 이거 진짜 받아야 하나요?" (초등학교 4학년 남자아이)

포경수술은 남자아이들에게는 공포의 단어다. 내가 포경수술을 받을 때만 하더라도 남자라면 누구나 이 수술을 받아야 한다고 생각해, 고학년이 되면 거의 통과의례처럼 포경수술을 받아야 했다.

그러나 지금은 포경수술에 대한 찬반 의견이 뜨거워 포경수술을 받아야 하는지에 대한 양육자들의 질문이 많아졌다. 나는 포경수술이

'좋다, 나쁘다'를 주장하는 것은 아니다. 다만, '포경수술을 선택하는 주체는 아이가 되어야 한다'고 생각한다. 우선 포경수술이 무엇이고 왜 하는지 양육자부터 제대로 알고 있어야 한다.

포경수술이란?

포경수술의 정식 명칭은 '환상 절제술(circumcision)'이다. 의학적 의미로 '포경'은 음경 꺼풀의 입구가 좁아져서 귀두 뒤쪽으로 젖혀지지 않은 상태를 의미한다. 태어날 때는 진성포경 형태를 유지하다 이차 성징 전후로 서서히 귀두와 포피가 분리되면서 발기 시 귀두가 노출된다.

드물게 사춘기 이후에도 귀두가 전혀 노출되지 않는 진성포경 상태인 경우도 있고, 가끔 귀두가 노출된 뒤 본래대로 돌아가지 못하고 포피가 심하게 붙으면서 병원에 오게 되는 감돈포경도 있다. 이를 절제해 귀두를 노출하는 것을 포경수술이라고 한다.[40)]

포경수술의 장단점

포경수술의 득과 실에 대해서는 아직까지 논란이 많다. 포경수술의 가장 큰 '장점'은 위생이다. 포경 되지 않은 상태에서는 소변이 포피와 귀두 사이 공간에 고여 있다 나오기 때문에 내부에 소변과 피부 찌꺼기가 모여 백태가 생긴다. 백태가 계속 쌓여 생성되는 '치구'라는 덩어리는 악취와 염증, 재발이 잦은 귀두염, 포피염, 귀두포피염 등의 원인이 된다.

이 외에도 잦은 상처나 반복적인 감염으로부터 예방과 치료를 들 수 있다. 그러나 포경수술에 반대하는 의견을 들어보면 위의 장점들은 매우 미약한 수준이다. 반대하는 이들은 위생 같은 경우 평소 귀두를 청결하게 씻으면 문제될 것이 없다고 주장한다.

포경수술의 '단점'은 무엇보다 통증이 심하다는 것이다. 내 경우에는 수술을 받고 2주 동안 밖으로 거의 나가지 못했다. 마취가 풀렸을 때의 고통은 이루 말할 수 없었다. 그리고 출혈이나 감염 등 수술 합병증의 발생 가능성도 있다. 이것 말고도 성감이 떨어진다거나 성 기능에 문제가 생길 수 있다는 의견도 있다.

포경수술 찬성 측에서는 예전보다 수술이 더 정교해졌기 때문에 합병증은 거의 없고 통증도 완화되었다고 말한다. 그리고 성감이 떨어지거나 성기능이 약해진다는 건 충분한 근거가 없다고 말한다. 이렇게 포경수술은 지금까지도 찬반 의견이 팽팽하게 맞서는 주제다.

포경수술, 일단 20세까지 기다려보자

성의학 강동우 박사는 2019년, MBC의 〈마리텔〉 프로그램에 나와 포경수술에 대해 신중하라고 조언했다. 그는 "성기가 발육하면서 자연스럽게 포경이 되는 경우가 상당수"라고 했다. 그러면서 "그걸 초등학교, 중학교 때 절개하면 성기가 발육됐을 때 표피가 모자라는 상황이 발생한다. 발육에도 약점이 된다. 안 하는 게 좋다"고 강조했다. 또 "가끔 성병에 유리하다고 하는데 그건 위생 관리가 잘 안 되는 후진국의 이야기다"라고 말했다.

이차성징이 오면 남성 호르몬의 영향으로 성기 안쪽 부분에 있는 해면체가 커지면서 자연스럽게 포경이 된다. 나도 포경수술은 정말 필요한 경우가 아니라면 성인기인 20세까지 기다리고 진행해야 한다고 생각한다.

포경수술이 필요한 경우도 있다. 20대 초반까지도 귀두 겉껍질이 벗겨지지 않거나 벗겨지더라도 음경을 조여 혈액순환과 발기에 문제가 될 때는 겉껍질을 제거해 귀두를 노출하는 포경수술이 필요하다. 발기돼도 겉껍질이 젖혀지지 않는 '진성포경'과 포피가 젖혀진 뒤 되돌아오지 않는 '감돈포경'은 각종 요로감염의 위험 또는 부종을 일으키므로 의사와 충분히 상의한 후 포경수술 여부를 결정해야 한다.

수술 선택의 권리는 자녀에게 있다

나는 포경수술에 관한 질문을 받으면 양육자에게 이렇게 당부한다.

"포경수술을 선택할 권리는 바로 자녀에게 있습니다. 양육자라고 할지라도 자녀의 권리를 침해할 수 없습니다. 자녀에게 충분한 정보를 주고 스스로 선택할 수 있도록 해주세요."

아이들은 대부분 포경수술을 받기 싫어한다. 양육자가 포경수술에 대해 충분한 정보를 제공하지 않은 상태에서 억지로 포경수술을 받으라고 하기 때문이다. 포경수술을 하면 어떤 이점과 단점이 있는지 제시하고, 아이가 스스로 선택할 수 있도록 해야 한다.

유럽에서는 포경수술을 어린이의 인권침해로 규정해, 이를 법으로 금지하기 위한 사회적 합의를 지속적으로 모으고 있다. 스웨덴에서는 민주당이 포경수술 전면 금지안을 국회에 발의해 이 문제가 사회적 이슈로 주목받고 있으며, 지난 2013년 10월 유럽평의회는 남성 포경수술이 인권침해라는 결의안을 통과시키기도 했다.[41]

그동안 나는 성교육을 통해 수많은 남자아이를 만났다. 아이 성교육을 마치고 양육자 성교육 전에 아이들은 나에게 간절히 부탁한다.

"저희 양육자님에게도 꼭 말해주세요. 이번 겨울방학 때 포경수술이 예약되어 있는데 엄마와 아빠가 꼭 이 사실을 알았으면 좋겠어요. 솔직히 저 너무 받기 싫어요."

자기 몸인데도 자유롭고 주체적으로 선택하지 못하고 끌려 다니는 아이들의 모습을 보며 안타까웠다. 우리는 자녀의 몸은 자녀의 것이며 이를 존중해야 한다는 사실을 깨달아야 한다. 포경수술을 포함해 모든 성적 권리와 행동은 자녀의 선택과 결정 안에서 이루어져야 한다.

양육자가 자녀의 몸과 마음을 존중해야만 자녀가 주체적이고 건강한 성 가치관을 갖게 된다. 양육자가 자녀를 존중하면 아이는 양육자를 더 신뢰할 것이고 이것이 바로 올바르게 성교육을 하는 방법이다.

♀♂

딸의 월경에 대해 긍정적인 인식을 길러주자

월경은 부끄러운 게 아니다

여성의 대부분은 초경에 대한 인식이 그리 밝지 못하다. 이 책을 읽고 있는 엄마들은 자신의 초경을 어떻게 기억하고 있는가? 아마 초경을 말하는 것도 부끄러워했고 초경을 하면서부터 더욱 조심했을 것이다. 양육자부터 월경에 대한 인식이 부끄럽고 지식이 부족하다 보니 자녀에게 월경에 대해 긍정적으로 알려주기가 어렵다.

유한킴벌리가 학부모와 초등학교 보건 교사 1,000여 명을 대상으로 생리 관련 인식을 조사한 결과, 양육자의 약 60% 이상이 자녀의 초경 전 월경 교육에 대한 정보를 충분히 갖고 있지 않았다. 양육자가 직접 자녀의 초경 교육을 하는 것에 대해 91%가 긍정적으로 생각하고 있음에도 실제 자녀에게 초경 및 월경 교육을 할 정보를 충분히 가지고 있다고 여기는 경우가 47%로 절반에 못 미치고 있었다.[42)]

그동안 월경은 '생리'로 불려왔다. 생리 이외에도 '마법', '그날', '그것'으로 에둘러 표현해왔다. 월경을 부끄럽거나 숨겨야만 하는 것으로 인식했기 때문이다. 인류의 거의 절반이 경험하는 자연적 생리현상인 월경을 왜 감추고 숨겨야만 할까?

앞으로는 자녀에게 '월경'이라는 정확한 표현을 알려주자. 월경은 부끄럽고 숨겨야 할 것도 아닌, 여성 삶의 일부일 뿐이다. 이제는 양육자부터 월경에 대해 제대로 알고 자녀가 월경에 대해 자연스럽고 긍정적으로 인식하도록 교육해야 한다.

월경의 원인과 주기성

'월경'이란 두꺼워졌던 포궁(자궁) 점막이 떨어져 나가면서 출혈과 함께 질을 통해 배출되는 생리적인 현상이다. 보통 26~32일의 주기를 가지고 3~5일간 지속한다. 난소에서는 매월 한 번씩 한 개의 난자를 만들어낸다. 이때 난자와 정자가 만나 형성된 수정란이 포궁(자궁)에 착상하게 하기 위한 준비로 포궁 점막이 부드러워지고 두꺼워진다. 그러나 수정이 일어나지 않으면 두꺼워진 포궁 점막이 필요 없게 되므로 떨어져 나가게 된다. 이로 인하여 출혈이 일어나 떨어져 나간 포궁(자궁) 점막과 함께 질을 통해 배출되는 것이 '월경'이다.

여성의 월경주기는 뇌하수체와 난소에서 분비되는 호르몬에 의해 조절된다. 호르몬이 일정한 주기를 가지고 분비되기 때문에 월경 역시 주기를 갖게 된다. 성숙한 여성의 경우 평균 28~30일의 주기를 가지며, 보통 26~35일의 주기를 갖지만 이성마다 차이가 날 수 있다.

초경의 증상과 신호

한국에서는 여성의 평균 초경 연령을 12세로 보고 있다. 〈청소년건강행태 온라인조사〉를 보면 한국 여성의 평균 초경 연령은 2006년 12.0세에서 2015년 11.7세로 점점 빨라지는 추세다.[43] 초경을 시작하기 전에는 여러 증상과 신호가 있다.

첫째, 가슴 발달, 음모, 겨드랑이털 등 이차성징을 보인다.

둘째, 하얗거나 노랗게 끈적이는 분비물이 팬티에 묻어나다가 갈색냉이 나온다면 초경 직전이다.

셋째, 이유 없이 1~4주 정도 지속하는 하복통을 호소하면 초경이 임박한 경우가 많다. 일반적으로는 위와 같은 증상들을 보이고 나서 초경을 하지만 아무 증상이 없는 경우도 있다. 초등 저학년이 되면 자녀에게 초경 증상을 설명하고 준비하면 된다.

월경에 대한 오해와 진실

첫째, 초경을 하면 키가 크지 않는다?

초경을 하면 키가 크지 않는다고 생각해 대개 초경을 부정적으로 인식하곤 한다. 그러나 이건 사실이 아니다. 초경 후 키 성장이 완전히 멈추는 것이 아니다. 초경이 발생하고 난 후부터는 성장률이 감소하기 시작해, 약 2~3년 동안 3~8cm 정도 자란 후 키 성장이 멈추게 된다. 성장률이 감소하는 것은 맞지만 키가 크지 않는 것은 아니다.

둘째, 월경은 임신의 실패다?

우리나라는 성교육을 할 때 월경을 임신의 실패로 인해 일어나는 일이라고 교육한다. 난소에서 난자가 나오고, 수정이 되지 않으면 아이를 잉태할 준비를 하던 포궁(자궁) 벽이 무너지면서 월경이 일어난다는 것이다. 마치 소중한 기회를 놓친 것 같은 느낌을 준다.

여성은 평생 약 300~400회 정도의 월경을 한다. 지금과 같은 저출생 시대에 이 중에서 출산으로 연결되는 경우는 아무리 많이 따져도 1~2회다. 현재 여성은 임신이 되어 출산하는 경우보다 끝없는 피임의 여정 속에 있다. 따라서 월경을 임신의 실패로 보아서는 안 된다. 대부분의 여성이 임신을 피하며 산다면 월경은 여성이 능동적이고 주체적으로 피임을 선택한 것으로 보아야 한다.[44]

월경에 대해 바르게 알려주자

자녀에게 월경에 대한 긍정적인 인식을 심어주려면 첫째, 월경 전후 증상과 대처 방법에 대해 알려주어야 한다.

우선, 자녀의 성 지식 수준이 어느 정도인지 대화를 통해 파악해야 한다. 정자와 난자, 음순, 질, 포궁(자궁) 등 기본적인 신체기관에 대해 알고 있어야 월경에 관해서도 설명할 수 있다. 자녀가 기본적인 지식을 안다면 앞에서 말했던 월경에 대한 증상, 월경통 그리고 혈이 묻었을 때 대처 방법에 관해 설명해주자. 엄마라면 딸에게 자신이 월경하면서 느끼거나 경험했던 것을 말해주는 것도 도움이 된다.

월경하는 만큼 월경대에 대한 설명도 자세하게 알려줘야 한다. 요즘은 일회용 월경대 이외에도 면 월경대, 탐폰(삽입형 일회용 월경대), 월경컵, 월경 팬티 등 다양한 제품들이 있으니 함께 알아봐도 좋다. 자녀가 자신에게 맞는 월경대를 선택함으로써 월경에 대한 긍정적인 인식과 함께 주체적으로 성장하도록 돕는다.

둘째, 함께 초경 계획을 세우고 파티를 하자.

자녀가 아직 초경 전이라면 초경에 대한 계획을 세워라. 아이에게 초경 때 어떻게 대처할지 함께 계획을 세우고 초경 선물로 무엇을 받고 싶은지 물어보자. 여행 가기 전에 계획을 세우면서 설레듯이 초경 계획을 세우는 것은 초경에 대한 기대감과 긍정적인 인식을 준다. 그리고 자녀가 초경을 하게 되면 아이가 원하는 선물을 주며 즐겁게 파티를 해주면 된다. 단, 아이가 내성적인 성향이거나 원하지 않는 경우에는 엄마와 딸의 비밀 파티로 하거나 그냥 넘어가는 것도 좋다.

셋째, 아들에게도 월경에 대해 알려줘라.

남자도 여성의 월경에 대해 알아야 한다. 나도 남자이다 보니 여성의 월경에 대해 잘 몰랐다. 월경에 대해 자세히 알고 싶어 20대 후반에 월경대를 종류별로 몇 달 동안 차고 다닌 적이 있었다.

그렇게 월경대를 차고 다니며 두 가지 사실을 깨달았다.

첫째, 내가 여자에 대해 너무 모르고 있었다. 성교육 강사로서 어느 정도 여자에 대해 잘 안다고 생각했는데 큰 착각이었다. 처음 월경대 착용 방법조차 제대로 몰랐던 나를 반성한다.

둘째, 남자로서 월경에 대해 바로 알고 남성들에게 교육해야겠다. 단지 착용한 것만으로 여자의 월경을 이해하지는 못했지만 여자가 월경 때문에 겪는 불편함과 고통을 남자들에게 조금이나마 전해야겠다는 결심을 했다.

남자도 여자의 월경에 대해 잘 알고 있어야 월경에 대한 편견을 갖지 않는다. 그래야 "여자들 피 흘리고 아프다고 결석한다", "생리 그거 좀 참을 수 있는 거 아니냐" 등 비상식적인 말을 하지 않는다. 그리고 여성도 월경을 할 때 주변에 담담하고 자연스럽게 이야기할 수 있다.

자녀에게 주체성을 길러주자

"피가 나온다, 생리통이라는 게 있는데 아프다, 몸을 더 조심해야 한다"라는 월경에 대한 안 좋은 느낌을 전달하는 말은 자녀가 월경에 대해 부정적 인식을 가지게 할 수 있으므로 피해야 한다.

월경통이 있을 수 있지만 약을 먹으면 되고, 월경하는 것은 건강하게 잘 성장하는 신호라고 긍정적인 면을 강조해주자. 양육자는 자녀에게 월경에 대한 다양한 정보를 제공하고 자녀가 월경에 대한 좋은 인식을 형성하도록 도와야 한다. 이를 통해 자녀는 월경을 건강하게 여기고 주체적으로 성장할 수 있다.

♀♂

넘치는 아이들의 성적 비하 발언, 언어순화 교육은 필수다

도 넘은 '패드립'

"웅~ 니애미 ××, 웅~ 느금마 내가 사랑해요."

위의 뜻은 양육자 욕을 하는 패(륜적)드립이자 성적 비하 발언이다. 비하의 사전적 의미는 '업신여겨 낮춤'이다. 초등학생과 청소년들이 쓰는 언어 중에는 성에 대한 비하 발언이 넘치고 있다. 보통 비하 발언은 초등학교 때 대중매체, SNS, 또래문화를 통해 배우게 된다.[45)]

어느 날 초등학생들을 대상으로 성교육을 진행하며 성 하면 어떤게 떠오르는지 물어보았다. 6학년 남자아이는 궁금한 게 있다며 이렇게 말했다.

"선생님, 같은 반 친구가 갑자기 '느금마, 창녀'래요. 근데 창녀가 뭐예요?"

내 아이가 이런 말을 친구에게 듣거나 반대로 친구에게 말했다면 상상만으로도 충격일 것이다. 이런 성적 비하 발언은 듣는 상대방에게는 성폭력이다. 현재 우리 아이들이 사용하고 있는 성적 비하 발언이 심각해지고 있다.

초등학생 대부분이 성적 비하 발언을 쓴다

한 엄마는 "요즘 아이들 사이에는 욕이 안 들어가면 대화 자체가 안 된다"고 말했다. 국립국어원 보고서에 따르면 초등생(4~6학년) 응답자 1,695명 중 97%(1641명)가 비속어를 사용한 적이 있는 것으로 조사됐다.[46] 거의 모든 초등학생이 비속어를 내뱉은 적이 있는 셈이다.

초등학교 성교육 시간에 우리가 일상에서 쓰고 있는 비하 발언을 알아보고 언어순화 교육을 진행했다. 성 비하 발언을 칠판에 적는 시간을 가졌는데, 한 여자아이가 칠판에 '재미없다'라고 적었다. 나는 그게 왜 욕인지 궁금해서 물어봤다. 아이는 이렇게 말했다.

"선생님, '재미없다'에서 재를 천천히 늘려 말해봐요. 그럼 '재~~애미없다'가 돼요. 애미(어미) 없다는 것도 욕이죠? 저도 처음 들었을 때는 몰랐다가 나중에 알고 너무 화가 났어요."

그냥 단순히 노잼(재미없다) 정도로만 생각한 나에게는 적지 않은 충격이었다. 욕이나 성적 비하 발언의 상당수가 '성(性)'에서 유래했다. 문제는 이런 성적 비하 발언을 아이들뿐만이 아니라 어른들도 아무렇지 않게 쓰고 있다는 것이다.

성적 비하는 성희롱 사건으로 번진다

아이들이 흔히 사용하는 성적 비하 발언의 뜻은 무엇일까? 양육자부터 이런 말에 대해 제대로 알고 있어야 내 아이가 이런 말을 쓸 때 제재하고 가르칠 수 있다.

흔히 사용되는 성적 비하 발언의 뜻은 다음과 같다.

- 패드립 : 패륜과 드립의 합성어로, 패륜적인 농담 혹은 발언을 뜻한다.
- 느금마, 니애미 : 맥락 없이 상대방의 양육자를 언급하며 기분을 상하게 하는 표현이다.
- 김치녀, 한남충 : 각각의 성별을 비하하고 혐오하는 단어를 뜻한다.
- 창녀 : 돈을 받고 몸을 파는 일을 직업으로 하는 여자를 비하하는 말이다.
- 따먹는다 : 여성을 동등한 인격체로 보는 것이 아니라 마음만 먹으면 취해서 먹을 수 있는 '먹을거리'로 깎아내리는 성적 비하 발언이다.

만일 내 아이가 위와 같은 말을 사용한다면 반드시 제재하고 언어순화 교육을 해야 한다. 그렇지 않으면 이런 성적 비하 발언에 대해 무뎌지고 무엇이 문제인지도 모르게 된다.

몇 년 전 대학교 단톡방에서 공공연하게 성희롱을 주고받은 일이 드러나 세간을 떠들썩하게 한 일이 있다. 남학생들이 톡으로 여학생들의 외모를 평가하고 비교하다 못해 "얼굴이 별로니 봉지 씌우고 먹자, 맛있겠다, 첫 만남에 강간해버려!" 등 비하하며 성희롱을 일삼은 사실에 많은 이들이 충격을 금치 못했다.

심지어 아이들을 가르칠 예비 초등교사의 단체 대화방에서도 이와 비슷한 사건이 일어났다. 상황이 점점 악화하자 대학교에서도 이런 상황들을 엄중히 보고 징계를 내리고 있다. 성적 비하 발언을 아무렇지 않게 쓰고 이에 비슷한 사건이 무뎌지면 점점 문제의식과 죄책감 없이 사용하게 된다. 실제로 초등학교 내에서도 아이들끼리 단톡방이나 문자로 "ㅅㅅ하자, 니 꼬추 빨고 싶어, 보지 좀 만지자"를 말하다가 성폭력 사건으로 불거지기도 했다.

'말은 부메랑이 되어 돌아온다'

이기주 작가는《말의 품격》에서 말의 중요성에 대해 이렇게 말한다.

> 사람의 입에서 태어난 말은 입 밖으로 나오는 순간 그냥 흩어지지 않는다. 돌고 돌아 어느새 말을 내뱉은 사람의 귀와 몸에 다시 스며든다. 무심코 던진 말 한마디에 품격이 드러난다.[47]

말이라는 것은 사람의 인품과 인격을 드러내는 도구다. 성에 대해 존중하는 말을 하지 못할망정 이렇게 비하 발언을 일삼는 사람이 어떻게 사회에 적응하고 성숙한 사람이 될 수 있을까?

누군가를 성적인 대상으로 보고 비하 발언을 하는 것은 아이들에게 정서적으로 악영향을 미친다. 다른 사람을 비하하고 감정을 공유하며 동질감을 얻는 아이들이 나중에 어떻게 될지는 눈에 뻔하다.

만약 자녀가 성적 비하 발언을 하게 되면 바로 왜 그런 말을 했는지 물어보자. 그 말에는 어떤 뜻이 있고 무엇이 문제인지 알려주어야 한다. 가장 중요한 건 양육자부터 자녀 앞에서 이런 비속어나 성적 비하 발언을 쓰지 않는 것이다.

비속어나 성적 비하 발언을 사용하는 자녀를 보았을 때 '아직 어리니까 그럴 수 있어'라고 함부로 넘기면 안 된다. 세 살 버릇 여든까지 간다. 그런 말들이 얼마나 자신과 상대방을 파괴하는지 양육자가 알려줘야 한다.

자녀가 잘못된 길로 가고 있는 걸 알면서도 가만히 내버려두는 것은 학대이자 방임이다. 우선 양육자부터 자녀 앞에서 위와 같은 성적 비하 발언을 쓰고 있지는 않은지 점검하고 고치자. 그리고 자녀 앞에서 상대를 존중하고 아름다운 말을 사용하도록 하자.

5장

연령별 성교육(13~18세)

청소년기 성교육은 대화로 해결하라

♀♂

자녀의 변화를 올바르게 이해하고 존중하라

신체적, 정신적으로 급물살을 타는 시기다

청소년이 되면 자녀는 본격적으로 학업과 진로에 대해 준비하고 고민하기 시작한다. 자녀는 자신의 존재에 대해 고민하기 시작하고, 양육자보다 또래 친구와 관계를 형성하고 속 깊은 대화를 나눈다. 이런 사춘기 자녀에게 성교육을 잘하기 위해서는 우선 자녀와 '대화'가 잘 통해야 한다. 대화를 잘하기 위해서는 사춘기 자녀의 변화를 올바르게 이해하고 존중해야 한다.

사춘기가 되면 몸의 골격과 근육이 발달해서 몸이 급격히 커지고 성 기능과 관련된 신체 부위가 발달한다. 신체적인 변화가 급격히 나타난다. 여성에게는 에스트로겐이라는 성호르몬이 분비되는데 이것은 가슴을 발달시키고 월경주기를 만든다. 남성에게는 테스토스테론이라는 성호르몬이 분비되는데 이것은 남성의 생식기를 커지게 하고 골격을 더욱 크게 만든다.

여성의 사춘기 신체적 변화 과정을 보면 가슴에 몽우리가 생기면서 통증과 함께 가슴이 발달하고 이후 음모의 발달과 함께 질 분비물이 나타나면서 월경을 시작한다. 남성의 사춘기 신체적 변화는 목소리가 조금씩 굵어지면서 변성기가 시작되고 성기의 색깔이나 크기의 변화와 함께 음모의 발달이 진행되고 이후 몽정을 한다.

신체 변화 못지않게 정신적인 변화 또한 급격히 나타난다. 이런 성호르몬의 분비는 중추신경계, 즉 두뇌에 있는 호르몬 조절 센터의 변화에서 시작한다. 그래서 사춘기 때는 신체적 변화뿐만이 아니라 정신적 변화도 일어난다. 감정의 기복이 심해지는 건 이 시기에 느끼는 자연스러운 현상이다. 사춘기 때 분비되는 호르몬은 신경계에도 작용하기 때문에 기분이 좋았다가도 갑자기 우울해지고 작은 자극에도 불안감이나 긴장감을 느끼게 된다.[48]

사춘기를 '병'으로 보지 마라

보통 사춘기 자녀를 '초4병', '중2병'이라고 말하며 마치 병으로 치부해 가볍게 볼 때가 있다. 그리고 양육자는 자녀가 사춘기가 되면 갑자기 변했다고 하는데, 자녀가 변한 것이 아니라 이제 자아 정체감을 형성하고 자기표현을 하기 시작한 것이다.

이제 자녀를 내 말을 잘 듣는 착한 아이가 아니라, 자기표현을 잘하는 '단단한 아이'로 키워야 한다. 자신만의 세계를 형성하고 고민하는 자녀를 위해 사춘기를 단지 문제가 있거나 부정적으로 보지 마라.

사춘기란 자녀가 신체적, 정신적으로 성장하는 시기이고 이러한 성장에 적응하는 시기라고 봐야 한다. 양육자는 사춘기 자녀가 자기표현을 잘하고 주체적인 사람으로 성장하도록 존중해야 한다.

청소년기 자녀의 경계와 사생활을 존중하라

자녀는 아이와 어른 사이에서 사춘기라는 시차를 겪고 있다. 점점 자신만의 경계가 생기고 '자기중심적'으로 사고하기 시작한다. 그래서 양육자는 자녀의 경계와 사생활을 반드시 존중해야 한다. 따라서 다음 두 가지를 반드시 꼭 명심하고 지키자.

첫째, '노크'를 통해 자녀의 공간을 존중하자.

양육자 교육 때마다 말하지만 어릴 때부터 '노크' 예절 교육을 잘해야 한다. 한국은 '노크'에 대한 교육과 존중이 거의 엉망이다. 자녀 방에 들어갈 때 노크는커녕 물어보지도 않고 불쑥 문을 열고 들어가 버린다. 자녀에게는 이보다 놀라고 당황스러운 경우가 없다. 자녀의 방에 들어갈 때는 반드시 노크하고 자녀의 의견을 들은 뒤에 들어가라.

마찬가지로 자녀도 양육자의 방에 들어올 때 노크하도록 가르쳐라. 양육자의 공간도 존중할 수 있도록 교육하는 것이다. 이렇게 노크 교육을 통해 양육자와 자녀 사이의 경계와 공간을 존중하는 것도 바로 성교육이다.

둘째, 자녀의 핸드폰을 함부로 보지 말자.

친밀한 부부라고 할지라도 서로의 핸드폰을 함부로 보지 않는다. 서로 간의 사적인 영역이 있고 이를 존중해야 하기 때문이다. 만약 핸드폰을 보고 싶다면 반드시 '허락'을 받고 봐야 하고 상대방이 거절하면 절대 봐서는 안 된다.

연애 문제로 양육자와 다툼이 있는 청소년에게 성교육을 한 적이 있다. 어느 날 아들의 사생활이 궁금한 엄마가 밤늦게 아이 방에 들어와 자는 아이의 손을 들어 지문 해제를 하고 스마트폰을 몰래 훔쳐봤다. 좋아하는 친구와 이제 막 톡으로 썸을 타고 있었는데 엄마가 그걸 알고 노발대발을 했다.

아이의 이야기를 들으며 아이보다 우선 양육자가 더 성교육이 필요하다는 사실을 깨달았다. 아이 교육을 마치고 엄마에게 이렇게 말했다.

"어머님, 아이의 사생활이 궁금하고 걱정되긴 하겠지만 핸드폰을 함부로 보시면 절대 안 됩니다. 입장 바꿔 아이가 어머님이 자고 있을 때 몰래 어머님 손으로 핸드폰을 열었다고 생각해보세요. 끔찍하지 않으신가요?"

자녀는 양육자의 소유물이 아니라 존중받아야 하는 인격체다. 이렇게 의심하고 간섭하면 할수록 청소년기 자녀는 마음을 철옹성같이 굳게 닫아버리고 대화하지 않을 것이다.

청소년기 자녀를 진심으로 존중해야 성교육도 가능하다

청소년기가 되면 자녀에게 성교육하기란 무척 어렵다. 어릴 때처럼 양육자 말을 고분고분 잘 듣는 것도 아니고 때로는 대화조차 싫어한다. 특히 양육자는 자녀에게 '공부'라는 이유만으로 자녀가 하고 싶은 것을 차단하거나 간섭하지 않아야 한다.

자녀들은 우리와 함께 행복하게 살려고 태어났지 공부 잘해서 양육자에게 트로피를 주기 위해 태어난 것이 아니다. 사춘기를 올바르게 이해하고 청소년기 자녀를 존중해야 본격적으로 청소년기 자녀에게 성교육을 시작할 수 있다.

♀♂

청소년기 자녀와 성 대화를 잘하는 스킬

하루 양육자와 대화하는 시간 고작 '13분'

청소년기 자녀에게 성교육을 잘하기 위해서는 '대화'가 가장 중요하다. 우선 대화가 통해야 성교육도 할 수 있기 때문이다. 자녀가 양육자와 대화 나누길 싫어한다면 내가 아무리 성교육 전문가라 해도 소용없다. 마치 대답 없는 단단한 벽 앞에 대고 말하는 것과 같다. 자녀 성교육이 힘든 이유 중 하나는 현재 양육자와 자녀가 대화 자체를 나누는 시간이 너무 적기 때문이다.

2017년 초록우산어린이재단이 초·중·고교생들의 일과를 조사했다. 조사 결과 우리나라 학생들이 하루 평균 가족과 함께 보내는 시간은 단 '13분'에 불과했다. 비율로 따지면 하루 중 0.9%의 시간만 가족과 대화를 나누고 시간을 공유하는 것이다. 학원·숙제 등 학교 밖 공부 시간이 평균 190분인 데 비해 턱없이 모자란 시간이다.[49]

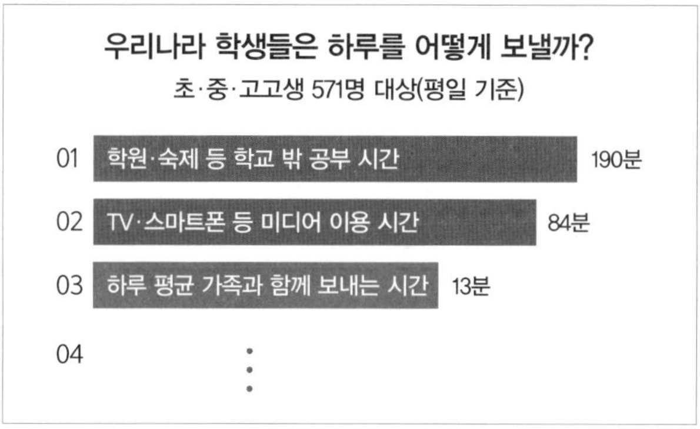

출처 : 초록우산어린이재단

우선 양육자는 청소년기 자녀와 함께하는 시간부터 늘려야 한다. 주말에 함께 외출을 하거나 같이 대화를 나누며 저녁 먹는 시간을 일주일에 1~2회 정도 가져보자. 청소년기 자녀와 대화하는 시간의 양부터 늘려야 성 대화도 자연스럽게 할 수 있다.

청소년기 자녀와 성 대화가 중요한 이유

양육자가 청소년기 자녀와 직접 대화하기 위해 나서면 성교육의 효과가 커진다. 양육자와 자녀가 성에 관한 대화를 시작해야 자녀가 안전하고 올바른 성 인식을 갖기 때문이다.

2015년 미국 노스캐롤라이나 주립대학 로라 비트만 연구진은 평균 나이 15세의 청소년 25,000명 이상을 대상으로 삼은 52개의 연구를 분석했다. 양육자로부터 성교육을 받고 성에 대한 대화를 나눈 자녀들은 첫 성관계 시기가 늦었을 뿐만 아니라 피임이나 안전한 성관계를 중요하게 여긴다는 결과가 나왔다. 양육자와 자녀의 성에 관한 대화가 자녀의 성 인식에 큰 영향을 미치고 위험 행동을 감소시키는 역할을 했다는 것이다.

또 2010년 영국 정부의 통계에 따르면, 성 경험이 있는 16~18세 청소년의 절반이 양육자의 역할에 대해 아쉽다고 답했다. 아이들은 "양육자로부터 안전한 피임법과 성에 관한 올바른 정보를 배울 수 있었다면 보다 안전한 행동을 했었을 것이다"라고 대답했다. 안전하고 올바른 성 인식을 심어주기 위해서 양육자의 성교육과 대화가 매우 필요하다는 것을 보여주는 연구 결과다.[50] 이렇듯 청소년들에게 양육자의 성교육과 대화는 매우 필요하고 중요하다.

청소년기 자녀와 성 대화를 잘하는 방법 세 가지

어떻게 하면 청소년기 자녀와 성에 관한 대화를 잘 나눌 수 있을까? 우선 자녀와 성 대화를 잘하려면 말하는 스킬을 배우기보다 '양육자의 태도'를 바꾸려는 노력이 더 중요하다. 스킬을 배우면 어떻게 활용해야 할지 고민해야 하지만, 태도가 바뀌면 그런 걱정을 할 필요가 없기 때문이다. 자녀와 대화가 잘되는 사람이 된다는 건 기술을 배우는 게 아니라 태도가 바뀌는 것이다.

첫째, 자녀에게 집중한다.

자녀와 대화가 왜 끊길까? 그 이유는 자녀에게 집중하지 못했기 때문이다. 많은 양육자가 대화의 소재가 없다고 하는데 소재가 없다는 건 자녀에게 관심이 없어서다. 아이가 지금 어떤 것에 관심이 있는지부터 알아야 한다. 자녀와 대화를 잘하려면 예민한 관찰력이 필수다.

예를 들어 지금 자녀가 외모, 게임, 연예인, 연애 등 어떤 주제에 관심이 있는지 세세한 부분까지 잡아낼 수 있어야 한다. 우선 자녀에게 요즘 관심사가 무엇인지 알아보자. 그런 관찰력이 있어야 자녀와의 대화에 물꼬를 틀 수 있다.

둘째, 자신의 성 가치관을 강요하지 않는다.

양육자와 자녀 사이는 성교육이 아니라 '성 대화'다. 대화는 자기 생각을 주입하거나 설득하는 것이 아니다. 자꾸 자녀를 가르치려 들거나 자신의 성 가치관을 강요해서는 안 된다. 예를 들어 연애를 막 시작한 자녀에게 대화하자면서 "연애도 연애지만 지금은 공부가 더 중요해!"라고 말한다면 어떤 자녀가 듣고 싶어 하겠는가.

양육자의 생각이나 의견을 담담하게 얘기하는 건 좋지만 자녀에게 동의를 강요해서는 안 된다. 설령 양육자의 논리가 맞을지라도 자녀의 기분을 나쁘게 했다면 그건 실패한 것이다. 대화에서는 자녀의 감정을 존중하는 게 중요하다는 사실을 잊지 말자.

셋째, 자녀의 말을 많이 듣고 잘 반응한다.

경청은 대화에서 가장 중요한 부분이다. 자녀의 말을 들으면서 적절히 잘 반응해야 한다. 자녀가 자신이 좋아하는 친구나 연애 이야기를 하면 "오~ 그렇구나, 그 친구는 왜 좋아? 아빠도 궁금하다" 등 고개를 끄덕거리며 반응하라. 자녀가 계속 말하게 하고 싶으면 좋은 반응은 필수다. 중간에 툭툭 끊지 말고 자녀의 대화를 끝까지 들어라.

특히 성에 관한 대화에 잘 반응하기 위해서는 자녀의 말에 계속 집중해야 한다. 대충 흘려듣거나 집중하지 않으면 자녀는 금방 알아차리고 말하려 하지 않을 것이다.

지금부터 자녀와 성 대화를 시작하라

막상 대화를 시도하려고 하는데 자녀가 말이 없다고 낙심하지는 말자. 청소년기까지 자녀와 성에 관한 대화를 시도하지 않았던 양육자 자신의 잘못이 더 크다. 이제라도 늦지 않았다. 양육자는 언제든 자녀와 대화의 가능성을 열어두는 게 매우 중요하다. 지금이라도 자녀와 함께하는 시간을 늘리고 성 대화를 시작해보자.

♀♂

자궁경부암 예방접종, 이것만큼은 알고 가자

문제는 사람(인)유두종 바이러스(HPV)다

양육자와 청소년들의 자궁경부암과 예방접종에 관한 관심이 높아졌다. 예전 같은 경우는 여기에 대해 거의 몰랐는데 요즘은 국가에서 지원하고 있어 많은 분이 질문한다. 하지만 아직 자궁경부암 예방접종이 무엇인지조차 모르는 사람이 많다. 우선 자궁경부암과 백신에 대해 정확히 알아볼 필요가 있다.

'자궁경부암'이란 자궁의 입구인 자궁경부에 발생하는 여성 생식기 암이다. 자궁경부암은 여성 암 발병률 2위 질병으로 우리나라에서도 네 번째로 많이 발생하는 암이다. 전 세계에서 매년 약 50만 명의 환자가 발생한다. 보건복지부 통계에 따르면, 국내에서는 매년 3,600여

명의 여성이 자궁경부암 환자로 진단을 받고 하루 평균 두세 명이 사망하는 것으로 집계됐다. 일반적인 암과 달리 자궁경부암은 바이러스 감염 때문에 발병해 정기검사가 필수다.

자궁경부암은 여러 가지 외부 요인의 영향을 받지만, 성 접촉에 의한 사람(인)유두종 바이러스의 감염이 가장 핵심적인 역할을 하는 것으로 알려져 있다. 자궁경부암 환자의 99.7% 이상에서 고위험 사람(인)유두종 바이러스 감염이 발견된다고 보고된다.

이 사람(인)유두종 바이러스는 자궁경부암뿐만 아니라 성기 사마귀, 항문암, 질암, 외음부암 등 여성뿐만이 아니라 남성에게도 다양하게 나타난다. 현재까지 알려진 HPV 종류는 150여 종에 이르며 40여 종이 생식기관에서 발견된다. 암 발생의 위험도에 따라 고위험군과 저위험군으로 분류한다.

여자 청소년은 국가에서 무료 접종해준다

자궁경부암 예방백신은 자궁경부암 발생 원인의 약 70%를 차지하는 고위험군 HPV 16형과 18형 위주로 예방한다. 국내에는 서바릭스(GSK), 가다실(MSD), 가다실9(MSD) 이렇게 세 종류의 백신이 판매되고 있다.

서바릭스는 16·18형을 예방하고, 가다실은 16·18형 외에 생식기에 사마귀를 일으키는 6·11형을 추가로 예방한다. 최근 출시된 가다실9는 가다실의 6·11·16·18의 네 가지 형을 포함하여 총 아홉 가지 형을 예방하여 성기 사마귀, 구인두암(편도암), 항문암, 외음부암, 질암, 음경암 등을 예방해주는 효과가 있다.[51]

자궁경부암과 다른 암의 차이점은 '유일하게 예방접종이 가능하다'는 것이다. 자궁경부암은 현대 의학으로 높은 수준의 예방이 가능한 몇 안 되는 암이다. HPV 백신은 2016년에 국가 예방접종 사업(NIP)에 포함되었다. 만 12세 여아는 무료로 접종받을 수 있게 되었다. 특히 14세 이전에는 2회 접종만으로도 효과가 충분하다. HPV 백신은 성생활이 시작되기 전에 접종하는 것이 가장 효과적이며 성 경험이 있더라도 백신 접종으로 효과를 기대할 수 있다.

남자도 맞아야 한다

자궁경부암 예방접종은 남자도 맞아야 한다는 것을 알고 있는가? 우선 자궁경부암 예방접종이라는 말이 'HPV 백신'으로 바뀌어야 한다. 자궁경부암 예방접종이라고 하니 자꾸 여성들만 받는 것으로 오해하는 경우가 많기 때문이다. 호주는 2007년부터 12~13세 여아에게 무료로 HPV 백신을 제공하기 시작했다. 2013년부터는 백신 대상을 남아에게까지 확대해 19세 미만이라면 남녀 구분 없이 무료로 2회분의 백신 접종을 받고 있다. 이 외에도 프랑스, 독일, 일본 등을 포함한 총 29개국에서 HPV 예방을 위해 국가 예방접종 사업으로 남녀 모두에게 무료 접종을 한다.[52] 그런데 아직 우리나라는 여성 청소년만 무료 접종을 하고 있다.

남성인 나도 2016년 자궁경부암 예방접종을 받았다. 총 세 번의 비용으로 약 40만 원을 사용했다. 그때 당시 돈이 없었던 나는 몇 달간의 알바 비용을 천금같이 아끼고 모아서 접종받았다. 남자인 내가 예방접종을 받은 이유는 두 가지다.

첫째, 사랑하는 사람의 안전을 위해서다. 둘째, 성교육 강사로서 책임감이었다. 강사인 나부터 접종받지 않고 누군가에게 권유할 수는 없었다. 나에게는 부담스럽게 높은 비용이었고 부작용에 대한 소문이 있어서 두렵기는 했다. 그러나 나는 이런 걸 걱정하기보다 직접 행동으로 보여주고 싶었다.

| 자궁경부암 예방접종 카드 |

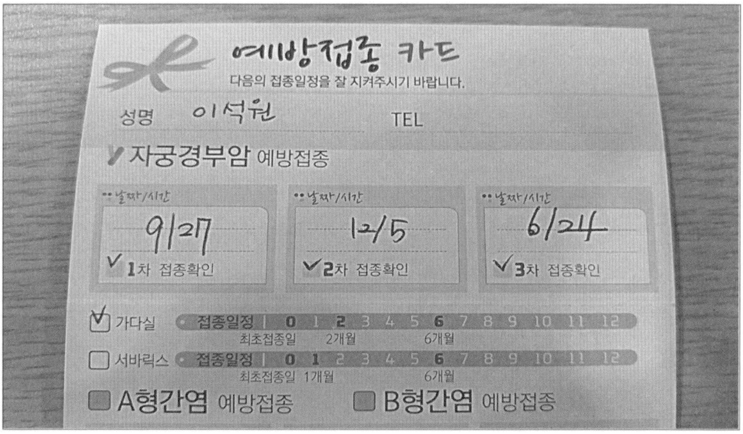

내가 자궁경부암 예방접종을 받은 이야기를 하면 많은 청중이 멋있다며 손뼉을 친다. 그러나 이건 박수받을 만한 일은 아니다. 누구라도

해야 하는 당연한 일이다. 남성 역시 파트너에게 질병을 옮길 수 있고, 바이러스에 감염되면 암이 발병할 수 있어 예방접종을 받아야 한다.

여성에만 한정하지 않고 남녀 함께 예방접종을 받는다면 자궁경부암 발병률을 효과적으로 낮출 수 있다. 가격이 만만치 않기 때문에 앞으로 정부에서 여성 청소년뿐만 아니라 남성 청소년에게도 무료로 자궁경부암 예방접종을 받도록 해야 한다.

자궁경부암 예방접종, 안전한가?

2016년 내가 자궁경부암 예방접종을 받을 때만 하더라도 부작용에 대한 소문이 많았다. 신체장애, 뇌장애 등 치명적인 부작용이 있다는 소문 때문에 나도 예방접종받는 걸 두려워하고 망설였다. 보건복지부가 2016년 접종 대상자 중 무료 지원 사실을 알면서도 접종을 받지 않은 800여 명을 대상으로 조사한 결과에서 73.5%는 '부작용에 대한 우려' 때문이라고 응답했다.

이런 소문과 오해는 2016년 일본 도쿄대학교에서 발표한, 백신이 뇌 손상과 마비 증상을 일으킬 수 있다는 연구 결과에서 시작했다. 하지만 이 연구는 쥐에게 접종량보다 많은 양을 주사하고 뇌의 차단벽을 허무는 독소까지 같이 투여한 게 밝혀져, 이 논문을 게재했던 과학 학술지도 해당 논문의 게재를 철회했다.

세계보건기구(WHO), 일본 후생노동성, 유럽 의약청(EMA) 등에서는 자궁경부암 백신의 안전성을 인정하고 백신 접종을 적극적으로 권장하고 있다. 보건복지부가 실제로 예방접종 피해보상 전문위원회에 접수된 자궁경부암 예방접종 이상 반응은 전체 접종의 0.0008%에 불과했다.[53] 물론 부작용이 없는 것은 아니다. 우리가 흔히 맞는 독감 예방주사에도 부작용이 있듯이 말이다. 흔한 부작용으로는 주사 부위의 통증, 부종, 발적 및 두통이 보고되었다. 그래서 병원에서는 접종을 받으면 15분간 휴식하고 귀가하기를 권하고 있다.

자궁경부암, 꾸준한 검진과 예방만이 답이다

어떤 예방주사든 100%는 없다. 자궁경부암 예방접종을 한다고 해도 자궁경부암을 다 막을 수 있는 것은 아니다. 독감 예방주사를 맞았다고 해서 독감을 다 막을 수 없는 것과 같은 이치다. 그래서 꾸준히 병원에서 정기검진을 받아야 한다.

여성들은 현재 2년에 한 번씩 자궁경부암 검진을 무료로 받을 수 있다. 자신이 태어난 연도가 홀수년이면 홀수 연도에, 짝수 연도면 짝수 연도에 가능하다. 양육자뿐만이 아니라 자녀도 이런 정기검진을 통해 암을 예방하는 것이 가장 좋은 방법이다.

♀♂

지나친 간섭은 금물! 안전한 연애 방법을 알려줘라

청소년기에 연애하는 학생들

대부분 양육자는 자녀가 성인이 되기까지 연애를 하지 않기를 바랄 것이다. 왠지 학업에도 지장이 생길 것 같고 생각지도 못한 성 문제가 발생할까 봐 두렵기 때문이다. 이럴 때는 양육자의 연애관부터 먼저 점검해야 한다. 첫째, 내가 생각하는 연애가 무엇인지, 둘째, 나는 연애를 어떤 경로와 방식으로 배웠는지, 셋째, 연애를 통해 내가 배운 것과 잃은 것은 무엇인지 먼저 종이에 차분하게 적어보고 생각해보자.

그렇게 나의 연애관을 먼저 점검하고 자녀와 연애에 대해 대화를 나눠야 한다. 여기서 중요한 것은 양육자가 자녀의 연애에 대해 평가하거나 지나치게 간섭해서는 안 된다는 것이다. 그럴수록 자녀는 주눅이 들고 참견한다고만 생각해 대화하려고 하지 않을 것이다.

양육자들은 자녀가 연애하면 학교 성적이 떨어질 거라고 걱정하는데 크게 상관이 없다. 자존감이 높고 주체적으로 연애하는 아이들은 연애와 성적이 별개 문제다. 괜히 연애와 학교 성적을 비교하지 말자. 만약 그래도 걱정된다면 연애하면서 스마트폰은 몇 시간 정도 볼 것이며 공부는 어떻게 계획할 것인지 서로 대화로 조율하면 된다.

부족한 성 지식을 채워주자

청소년기는 신체적·정서적·성적 변화가 급격하게 이루어지는 시기다. 양육자보다는 친구와 보내는 시간이 많아지며 친구 관계를 중요하게 생각한다. 청소년은 친구 관계에서 자신의 위치를 확인하고 소속감과 안정감을 느낀다. 그리고 친구와의 상호작용을 통해 사회적 관계를 형성하고 유지하는 방법을 배운다.[54)]

아이들은 친구와 교류가 활발하면 자신의 마음과 생각을 공유할 수 있는 더욱 친밀한 친구를 만들고 싶어 한다. 그에 따라 연애에 대한 기대가 높아지고 하고 싶은 욕구가 생긴다.

양육자들은 자녀들이 연애하는 것을 걱정하지만 이미 청소년들 사이에 이성교제는 일상이자 문화다. 청소년기의 아이들은 스스로를 잘 표현하려고 하고 다른 사람에게 잘 보이는 것에 대해 신경을 쓴다. 요즘은 초등학생 아이들도 연애를 하지만, 보통 청소년기에 본격적으로 연애를 시작한다.

2019년 한국여성정책연구원은 전국 중학생 5,064명(남 2,111명, 여 1,954명)을 대상으로 한 〈학교 성교육 만족도 및 수요조사〉 결과를 발표했다. 그 결과 연애 경험이 있는 경우는 전체 49.2%였고, 이 중 67.1%가 스킨십 경험이 있었다.[55] 위의 통계에 따르면, 중학생 중 한 명은 적어도 한 번 이상의 연애 경험이 있는 것이다.

하지만 이에 반해 성 지식은 턱없이 부족했다. 중학생들은 스스로 성에 대해 잘 알고 있다고 느끼지만, 피임이나 임신 등 실제로 성과 관련된 지식 수준은 낮았다. 스스로 성에 대해 알고 있는 정도를 점수로 평가하니 남학생은 10점 만점에 평균 7.28점, 여학생은 7.26점으로 각각 조사되었다. 하지만 피임법, 임신 증상 등 실제 성 지식 수준을 측정한 결과 평균 3.7점에 불과했다. 여학생은 평균 4.29점, 남학생은 이보다 떨어진 3.16점이었다.

이들이 정보를 얻는 경로는 소셜네트워크서비스(SNS)·유튜브 등 인터넷이 22.5%로 가장 높았다. 다음으로 친구(17.1%), 외부 성교육(3.3%) 순이었다. 청소년기 연애는 점점 자연스러워지는데 여기에 대해 알려줄 성교육은 부족하다. 가정이나 학교에서 청소년들에게 현실적이고 적절한 성교육이 필요한 이유다.

말리기보다 안전교육이 먼저다

성교육 강의 때 양육자들에게 물어본다.

"연애하려고 하거나, 연애하는 자녀에게 무작정 하지 말라고 하면 어떨까요?"

그럼 대부분이 "몰래 할 것 같아요"라고 대답한다. 그렇다. 나이가 어리든 많든 연애는 절대 양육자가 막을 수 있는 것이 아니다. 오히려 강하게 반대하면 할수록 반사작용이 일어나 더 하고 싶은 게 사람 마음이다. 자녀가 연애하면 걱정되는 성폭력, 조기 임신, 탈선 문제의 대부분은 자녀가 양육자 몰래 하다 발생한다.

〈이성교제가 청소년의 정신건강 및 학교적응에 미치는 영향〉이라는 논문에 따르면, 청소년기의 건강한 연애는 이성과의 사회적 기술 및 대인관계 기술을 발달시킨다. 그리고 기존의 가족이나 또래 친구들과는 분리된 관계라는 상황 속에서 성격 특성을 시험해봄으로써 서로 다른 정체성을 발견하고 검증하는 데 도움이 될 수 있다.[56)]

이렇듯 연애를 통해 자녀들은 자신과 타인에 대해 진지하게 배우고 성장할 수 있다. 물론 연애를 잘하지 못하면 데이트 폭력, 조기 임신, 탈선 등 여러 문제가 생길 수도 있다. 그래서 양육자가 '안전한 연애 방법'을 알려주어야 한다.

연애는 자동차 운전과 비슷하다. 운전하고 있는데 갑자기 브레이크를 밟으면 어떨까? 안전벨트를 매지 않은 상태라면 굉장히 위험할 것이다. 자녀들이 하는 연애도 이렇게 무작정 급제동을 걸어버리면 문제가 생긴다. 자녀가 연애한다는 사실을 알게 되었으면 자동차 운전과 같이 안전하게 하는 방법을 알려주면 된다. 안전벨트를 잘 매고 있는지, 신호등을 잘 보고 가는지 대화하면 된다.

예를 들면, "우리 딸, 아들, 연애도 하고 멋지다. 연애를 잘하는 사람이 사회생활도 잘한다고 하더라. 근데 엄마, 아빠가 좀 걱정되는 게 있어. 사귀다 보면 원치 않는 스킨십을 요구받거나 성폭력 문제가 생길 수도 있잖아? 이럴 때는 너 혼자 정말 감당하기가 힘들어. 그래서 항상 충분히 생각해보고 결정해야 하는 거야. 혹시나 헷갈리거나 흔들린다면 이야기해줄래? 엄마와 아빠는 항상 네 편이니까. 알았지?" 정도면 좋다.

자녀의 연애를 존중해주는 것이 양육자가 신뢰를 얻을 수 있는 방법이다. 이렇게 양육자는 연애하는 자녀의 고민을 들어주는 상담사 역할을 하면 된다.

양육자는 자녀가 안전한 연애를 하도록 돕되 지나친 간섭은 금물이다. 양육자는 자녀가 자유롭고 주체적으로 성장하도록 돕는 양육자이지 감옥에서 죄수를 감시하는 교도관이 아니다.

연애하는 걸 인정하고 존중하되 자녀가 연애하며 감당할 수 없을 만큼 계속 흔들리거나 상처받는다면 판단력을 기를 수 있도록 도와줘야 한다. 그래서 양육자는 자녀가 연애를 통해 성장하는 모습을 지켜보고 공감하는 상담자가 되어야 한다. 이 과정을 통해 자녀는 더욱 성숙해질 것이며 양육자를 신뢰하고 따르게 될 것이다.

♀♂

피임 교육으로 끝나지 말고 책임감 교육을 하라

첫 성관계 연령 13.6세!

피임 교육을 하면 아이가 혹시 이걸 통해 성관계를 할까 봐 걱정하는 양육자들이 있다. 괜한 걱정이다. 불조심하라는 화재 예방 교육을 아이들에게 했다고 다음 날 불을 지르는 아이들은 없다.

피임 교육은 아이들에게 성관계를 조장하는 것이 아니라 성관계에 대해 책임감을 가르치는 교육이다. 우리는 왜 안전교육을 받는가? 언제 일어날지 모르는 사고에 대비해서 받는 것이다. 이 안전교육을 소홀히 하면 큰 대형사고로 이어지듯이 피임 교육도 제때 잘 해주어야 더 큰 사고를 막을 수 있다. 물론 아이에게 바로 피임 교육을 하라는 것은 아니다. 피임 교육은 신중히 해야 할뿐더러 동시에 책임감까지 교육해야 한다. 현재 청소년들의 성관계 연령이 빨라진 만큼 양육자부터 청소년들의 성 문화와 피임에 대해 자세히 알아야 한다.

교육부·보건복지부·질병관리본부가 청소년 60,040명을 대상으로 조사한 〈2018년 청소년 건강행태조사 통계〉에 따르면, 성관계 시작 평균연령은 만 13.6세였다. 성관계 경험이 있다고 응답한 청소년은 전체의 5.7%였다. 문제는 청소년의 낮은 피임 실천율이다. 같은 조사에서 청소년 피임률은 59.3%에 그쳤다.[57] 성관계 연령이 낮아지는 가운데 피임을 지키지 않는다면 청소년 임신율은 높아질 수밖에 없다.

서울신문·초록우산어린이재단이 청소년기에 임신·출산한 양육자 100명을 대상으로 생활 실태 심층 조사를 진행했다. 임신한 이유에 대해 '피임에 실패해서', '피임 방법을 몰라서', '상대방의 강제 때문에'라고 응답한 사람이 각각 41%, 24%, 16%(복수 응답)였다. 피임만 제대로 했다면 원치 않는 임신을 어느 정도 막을 수 있었을 것이다.[58]

피임기구 중 하나인 '콘돔'은 성인용품이 아니라 의료기기다. 청소년도 당연히 구매할 수 있다. 하지만 청소년이 콘돔을 자연스럽게 살 수 있는 사회 분위기는 아직 멀었다. 한 청소년은 편의점에서 콘돔을 사려고 하다가 "학생이 무슨 콘돔이야? 누가 이런 거 사래?"라고 호되게 야단을 들었다고 한다.

어른들은 아이들이 콘돔 사는 것에 대해 부정적이고 불편해한다. 어른들의 이런 편견과 무지가 아이들을 더 벼랑 끝으로 몰고 있다. 콘돔은 성인용품이 아닌 생활용품으로 봐야 한다. 청소년기에 피임 사용법만 잘 알고 사용해도 청소년 임신을 많이 줄일 수 있다.

이런 피임법은 절대 금물

피임법은 방법에 따라 종류가 아주 다양하다. 피임법을 소개하기 전에 절대 하지 말아야 할 잘못된 피임법 두 가지를 먼저 강조하고 싶다. 바로 '질외사정'과 '월경 주기법'이다.

첫째, '질외사정'은 남성이 성관계 후 여성의 질 밖에 사정하는 것을 말한다. 이 방법은 피임률이 낮은 매우 위험한 방법이라 현재는 피임법이라고 잘 부르지 않는다. 남성이 사정을 조절하는 것도 어려울뿐더러 쿠퍼액(남성의 성적 흥분 시 분비되는 소량의 맑은 액체)으로도 임신할 수 있기 때문이다. 나는 질외사정을 '지뢰사정'이라 부른다. 질외사정은 언제, 어떻게 터질지 모르는 지뢰밭을 걷는 것과 마찬가지다.

둘째, '월경 주기법'이란 여성의 생리주기를 이용하여 임신이 가능한 시기, 즉 배란기에 성관계를 피함으로써 피임을 하는 방법이다. 이것 또한 실패율이 매우 높다. 게다가 10대에는 생리도 불규칙하기 때문에 사용하면 안 된다. 참고로 월경 주기법은 피임을 위한 방법이 아니라 임신을 위한 방법이다. 질외사정과 월경 주기법은 현재 피임법이라고 잘 소개하지 않는다. 이 두 가지 방법만큼은 성관계 시 절대 하지 말라고 가르치자.

자녀에게 알려줄 수 있는 올바른 콘돔 사용법

양육자가 아이에게 쉽게 알려줄 수 있는 피임법은 콘돔이다. 콘돔은 피임이나 성병 예방의 목적으로 성교 시에 남자의 음경에 씌워 사용하는 고무제품이다. 비교적 가격이 저렴하고 사용이 간편하다. 구하기 쉬울뿐더러 성병까지 예방해주기 때문에 많은 사람이 사용한다. 피임률은 보통 80~85% 정도다.[59] 그 이유는 제대로 사용하지 못하기 때문이다. 그래서 콘돔 사용법을 정확히 알고 교육해야 한다.

- 가장 먼저 확인할 것은 '유통기한'이다. 콘돔마다 다르지만 보통 3~5년인데 유통기한이 다 지난 걸 사용하면 윤활제가 마르거나 상해서 찢어질 수 있으니 확인하라.
- 콘돔에 흠집이 나지 않도록 천천히 조심스럽게 뜯는다.
- 콘돔에는 앞뒤가 있다. 모양이 밖에서 안쪽으로 말려 있어야 제대로 된 모양이다. 뒤집어 착용하면 콘돔 표면에 있는 윤활제로 인하여 성관계 시 빠질 수 있다. 거꾸로 끼웠다는 것을 알았다면 버리고 바로 새것으로 갈아 끼워야 한다.
- 콘돔을 착용하기 전에, 정액 받이(끝에 볼록한 부분)를 살짝 비틀어 공기를 빼주고 착용해야 한다. 그래야 관계 중에 터지거나 빠지지 않는다.
- 사정 후에는 질 속에서 음경을 바로 빼내고 바로 콘돔을 제거하라. 사정하면 보통 발기가 풀리게 되는데 그러면 콘돔에 있던 정액이 흘러나와서 질 속으로 들어갈 수 있다.
- (중요) 만약 콘돔을 잘 사용했는지 불안하면 사용 후 콘돔 안에 물을 넣어보자. 잘 사용되었다면 물이 차도 새지 않을 것이다. 만약 구멍이 나서 물이 샌다면 피임에 실패한 것이고 바로 응급(사후)

피임약을 여성이 먹어야 한다.

• 다 쓴 콘돔은 정액이 새어나가지 않도록 묶어서 휴지통에 버린다.

피임법과 책임감 교육은 성교육의 쌍두마차

청소년기에 피임에 대해 아는 것은 매우 중요하다. 피임 교육 여부에 따라 피임 의도에까지 영향을 주기 때문이다. 남녀 고등학교 1~3학년 재학생 545명을 대상으로 피임에 관한 설문조사를 한 논문 〈남녀 고등학생의 피임지식, 피임태도, 피임 자기효능감이 피임 의도에 미치는 영향〉에 따르면 피임 지식과 피임 태도가 긍정적일수록 피임 의도가 높은 것으로 나타났다.[60]

피임은 자신과 상대방의 생명과도 연관되어 있다. 그래서 피임을 선택했다면 그에 따른 책임감에 대해서도 반드시 알려주어야 한다. 참고로 100% 피임법이란 세상에 존재하지 않는다. 피임하더라도 임신이 될 수 있다는 것을 양육자와 자녀 모두 알고 있어야 한다.

피임 교육을 통해 사랑과 생명에 대한 책임감까지 알려주는 것이 진짜 피임 교육이자 양육자가 해야 할 역할이다.

♀♂

성관계에 대해 부정적인 인식이 아닌 신중함을 가르쳐라

청소년기 성관계를 무조건 부정적으로 보지 마라

양육자들에게 청소년 성관계에 관해 물어보면 '절대 하지 말아야 할 것, 하늘이 무너질 정도로 위험한 것'으로 간주한다. 이른 성관계를 통해 혹시 아이가 잘못된 길로 빠지거나 임신할까 봐 그렇다. 내 아이만큼은 스무 살 전까지는 기필코 성관계를 하지 못하게 막고 싶어 한다. 이런 양육자에게 나는 이렇게 질문한다.

"양육자님, 지금이 2019년 12월 31일 11시 59분 50초입니다. 이제 10초가 지나면 2020년이 됩니다. 아이가 스무 살이 되는데 이때는 아이의 성관계를 허락하실 건가요? 2019년 12월 31일과 2020년 1월 1일은 무엇이 다른가요?"

성관계는 단순히 나이로만 규정해서는 안 된다. 양육자는 청소년기 자녀가 성관계에 대한 준비와 함께 신중할 수 있도록 알려주어야 한다.

앞에서 말했듯 교육부·보건복지부·질병관리본부가 청소년 60,040명을 대상으로 조사한 〈2018년 청소년 건강행태조사 통계〉에 따르면 성관계 시작 평균연령은 만 13.6세였다. 성관계 경험이 있다고 응답한 청소년은 전체의 5.7%였다. 2018년 통계청의 해당 연령(만 13~18세) 주민등록인구가 총 3,096,947명이었다는 점을 고려하면, 실제 성관계 경험이 있는 청소년은 17만 명 이상이라고 추산할 수 있다.[61)]

이렇게 많은 청소년이 성관계를 하고 있는데 아직 양육자는 무조건 하지 말라고 막고 있다. 성과 관련된 행동을 대부분 일탈적 문제로 보고 청소년에게 죄책감이나 좌절을 느끼게 한다. 양육자와 사회는 청소년기까지는 어떻게든 성관계를 못 하도록 막으려고 한다.

이후에 성인이 되면 알아서 하도록 방치하고 있는 게 현실이다. 청소년기 자녀의 성관계를 무작정 막거나 부정적으로 보지 말자. 그 대신 성관계에 대해 계획을 세우고 신중할 수 있도록 교육해야 한다.

성관계를 하기 전 양육자가 아이에게 해줄 네 가지 조언

양육자는 자녀의 양육자로서 성관계하기 전에 어떤 고민과 준비가 필요한지, 성관계를 하고 나면 어떤 몸과 마음의 변화가 있는지 알려주어야 한다. 다음 네 가지에 대해 신중히 생각하도록 가르쳐라.

첫째, 주체성을 가르친다.

'주체성'이란 개인으로서의 인간이 어떤 실천에서 나타내는 자유롭고 자주적인 능동성이다. 즉 성관계 때 자신이 진심으로 하고 싶어서 하는지, 상대방의 요구 때문에 하고 있는지 알고 있어야 한다는 것이다. 주체성이 없다면 상대방에게 수동적으로 휘둘려 원하지도 않는 성관계를 할 수도 있다.

특히 스킨십이나 성관계는 자신이 정말 원해서 하는지에 대한 '기준'을 세워야 한다. 가장 중요한 것은 '내가 내 몸의 주인이라는 사실을 깨닫는 것'이다. 양육자는 여기에 대해 자녀와 충분히 대화를 나누며 판단력을 길러줘야 한다.

둘째, 동의를 가르친다.

스킨십 할 때 '동의'의 중요성을 반드시 알려주어라. 성관계는 동의와 합의가 필요하다. 성적 동의는 'No means No'를 넘어 'Yes means Yes'로 가야 한다. 보통 드라마를 보면 남자 주인공이 여자 주인공을 거칠게 안거나 키스하려고 한다. 여성은 처음에는 거절하지만 결국 받아들이는데 이것은 잘못된 성 인식을 심어주는 것이다. 상대방의 거절은 허락의 의미가 아니라 진짜 아닌 것이다.

그리고 예스는 항상 '현재의 예스'라는 것을 명심해야 한다. 과거에 내가 이 사람하고 키스하고 성관계를 한 것은 중요한 것이 아니다. 바로 지금 이 순간 아니라고 하면 아닌 것이다. 동의는 상대방의 명시적인 '예스'를 확인하는 수준을 뛰어넘어, 상대의 비언어적 '노'를 민감하게 읽어내고 반응하는 일이 중요하다. '동의'의 의미는 상대방과 끊임없이 소통하며 재구성된다는 것을 자녀에게 알려줘라.

셋째, 피임을 가르친다.

앞에서도 말했지만, 성관계 전에 피임은 필수이자 절대 빼먹어서는 안 되는 것이다. 여기에 대해서 양육자와 자녀가 충분한 대화를 나눠야 한다. 단순히 피임 교육을 넘어 한 번의 성관계로도 자신과 상대방에 대한 막중한 책임이 따른다는 것을 알려줘라.

넷째, 검진의 중요성을 가르친다.

성관계하기 전 둘의 안전을 위해 반드시 '성 건강검진'을 받아야 한다. 얼굴만 보고는 성병 여부를 알 길이 없다. 서로 성병은 있는지 없는지부터 병원 가서 검진을 받아야 한다. 이건 비단 청소년뿐만이 아니라 성인도 마찬가지다.

네덜란드 성교육 사례를 통해 배우는 성교육

성교육을 통해 개인의 성 의식과 성 문화까지 바꾼 대표적인 나라가 있다. 바로 네덜란드다. 1970년 중반 네덜란드 청소년의 첫 성관계 연령은 12.4세였다. 청소년의 무분별한 성관계와 임신 등이 사회적 문제로 떠오르자, 국가 차원에서 초등학교 4학년부터 중학교까지 성교육을 제도화했다.

성교육 내용은 남녀 신체 차이부터 임신과 출산 등 생물학적인 내용뿐 아니라 피임, 성행위, 이성을 만날 때의 대화 기술, 성에 대한 사회적 가치 등 넓은 영역까지 알려주었다. 이러한 정부 차원의 적극적인 성교육은 30년 뒤에 눈에 띄는 효과를 보였다.

1970년 중반 12.4세였던 첫 성관계 연령이 2006년 17.7세로 바뀌었다. 첫 성관계 시 피임 도구 사용률은 95%로 올라갔으며, 연애 시 데이트 강간도 현재 전 세계 최하위다. 또 세계에서 가장 낮은 청소년 출산율과 낙태율도 기록하고 있다.

이러한 일을 할 수 있었던 것은 정부의 의지와 함께 '양육자들이 보내 준 관심과 열렬한 지지' 덕분이었다. 만약 양육자가 개방적인 성교육 정책이 오히려 '청소년의 성적 호기심을 자극한다'라며 반대했다면 절대 이루어질 수 없었을 것이다.[62)]

자녀에게 성관계에 대한 준비와 신중함을 알려주어라

이제 한국의 양육자들도 바뀌어야 한다. 성관계에 대해 교육을 하는 것이 자녀에게 성관계를 조장한다고 생각하면 안 된다. 네덜란드처럼 청소년기 자녀에게 혹시 모르는 성관계에 대한 준비와 계획을 세워야 한다. 더는 청소년기의 성관계를 부정적으로 보지 말자. 대신 아이에게 성관계에 대해 책임감과 신중함을 알려주어라.

6장

상황별 대처 방법

이럴 땐
이렇게 대처하자!

♀♂

자녀 성교육을 성공시키는 유용한 방법 세 가지

성교육을 잘하려면 이것이 핵심이다

대부분의 양육자들은 자녀에게 성교육을 잘하고 싶지만 어떻게 해야 할지 어려워한다. 어떻게 하면 자녀 성교육을 성공적으로 잘할 수 있을까? 성교육을 잘하는 방법은 아주 다양하지만, 과거가 아닌 현재 트렌드에 맞게 해야 한다. '자녀 성교육을 성공시키는 유용한 세 가지 방법'을 소개한다.

첫째, 일상적인 대화로 관계 형성부터 하라.

성교육을 잘하려면 먼저 자녀와 '대화'가 잘돼야 한다. 자녀와 대화도 잘 안 된 상태에서 대뜸 "너 혹시 자위하니? 성폭력이 뭔지 알아?" 등 성과 관련된 이야기를 하면 어떨까? 자녀는 "무슨 소리지? 갑자기

뜬금없이 왜?"라고 생각하며 거북해하고 불편하게 느낄 것이다.

자녀와 친해지고 대화를 잘하기 위해서는 어떻게 해야 할까? 아주 간단하다. 먼저 '일상'을 물어보라. 자녀가 유치원 또는 학교에서 어떻게 지내는지, 어떤 친구들을 만났는지, 친구들과 무엇을 하며 놀았는지를 물어보자. 이런 소소한 일상적인 대화를 통해서 먼저 '관계 형성'을 잘해야 한다. 자녀의 이야기뿐만이 아니라 양육자가 자신의 일상에서 느낀 이야기를 먼저 해도 좋다.

이런 일상적인 대화가 잘 이루어져야 자연스럽게 성에 대한 대화도 나눌 수 있다. 대화가 잘되지 않은 상태에서의 성교육은 자녀에게 거부감을 준다. 대화를 통해 양육자와 자녀 사이에 관계 형성이 잘 이루어지면 성에 대한 대화도 자연스럽게 나눌 수 있다. 일상적인 대화를 통해 성교육으로 들어가는 문을 자연스럽게 열게 될 것이다. 이렇듯 자녀 성교육은 일방적인 가르침이 아니다. 일상적인 대화를 통해 서로 공감하고 소통하는 교육이다.

둘째, 성에 대해 '질문'하라. 통제하거나 판단하는 것은 금물이다.

일상적인 대화가 잘되고 어느 정도 친해졌다고 생각하면 그때부터 성과 관련된 질문을 해도 좋다. 양육자와 자녀 사이는 성교육이 아니라 '성 대화'라는 것을 명심하자. 자꾸 가르치려 들지 말고 일상을 나누듯이 편하게 대화하면 된다. 예를 들어 "성 하면 어떤 게 떠올라? 성교육은 받아본 적 있어?" 등으로 가볍게 시작해보자. '말문'이 열리는 '질문'을 해야 자녀와 성에 대한 깊은 대화가 가능하다.

이렇게 자녀에게 질문하면 두 가지 이점이 있다. 자녀가 성에 관해 물어봤을 때 첫째, 왜 그런 궁금증을 갖게 되었는지와 둘째, 자녀가 어떤 경로로 정보를 접했는지를 파악할 수 있다. 질문을 통해 정보에 대해 알고 아이 수준에 맞게 대답하면 된다.

초등학교 4학년 교실에서 성교육을 한 적이 있다. 4학년 정도면 아이가 어떻게 생기고 태어나는지 구체적으로 알고 있어야 한다. 반 아이들에게 "아기는 어떻게 생겨요?"라고 물어봤다. 아이들은 "엄마와 아빠가 사랑해서요", "정자와 난자가 만나서요"라고 했다. 그럼 정자와 난자가 어떻게 만나는지 아이들에게 물어봤다. 그러자 뒤에 있는 한 여자아이가 번쩍 손을 들더니 "저요! 저요!"라고 확신에 찬 목소리로 이렇게 대답했다.

"뜨거운 밤요! 격렬하게!!"

그러자 주변 아이들이 크게 웃었다. 나는 부드러운 미소를 띠며 "어, 왜 그렇게 생각해요? 어디서 들었어요?"라고 물어봤다. 여자아이는 이렇게 말했다.

"제가 학원에 다니는데요, 6학년 오빠가 어제 야동을 봤대요. 거기서 남자와 여자가 격렬하고 뜨거운 밤을 보냈다는 거예요. 이런 행위를 하면 아이가 생긴대요. 그거 아니에요?"

부드럽고 열린 질문을 통해서 아이가 왜 그렇게 말했는지 알 수 있었다. 그리고 성관계는 행위에 대한 것뿐만이 아니라 '사랑과 동의'가 중요하다는 것을 알려주었다. 이렇게 아이에게 질문하면 상황을 빠르게 인지하고 잘 대처할 수 있다.

여기서 중요한 것은 자녀가 성에 대해 반응하는 질문과 대답을 함부로 통제하거나 판단하면 안 된다는 것이다. 만약 위의 “뜨거운 밤요”라고 말한 여자아이에게 “뭐야? 누가 그런 소리 했어? 지금 그게 할 소리야?”라며 추궁하거나 정색하는 표정을 지었으면 어떻게 됐을까?

아이는 주눅이 들거나 상처받았을 것이고, 다시는 솔직하게 이야기하지 않았을 것이다. 위에서 말했듯이 ‘말문’이 열리는 ‘좋은 질문’을 해야 한다.

셋째, 걱정과 불안이 아니라 ‘긍정과 칭찬’이 우선이다.

자녀와 성에 대해 대화를 할 때는 ‘긍정과 칭찬’이 우선이다. 나는 아이들을 만나면 “오늘 이 성교육 수업을 듣는 여러분은 이 자리에 있는 것만으로도 이미 멋진 사람이에요. 내 몸에 대한 소중함과 아름다움을 배우기 때문이죠”라고 긍정하면서 시작한다. 그리고 밝고 즐거운 분위기 속에서 성교육 강의를 이어간다. 그러면 자연스럽게 아이들도 마음의 문을 열고 내 말에 집중하기 시작한다.

강의 중간에 아이들이 어떤 질문을 해도 긍정적으로 바라보고 대답하기 위해 노력한다. 그러다 보면 아이들은 저절로 자신의 이야기 또는 주변 친구들의 이야기를 한다.

만난 지 10분도 안 된 아이가 나에게 먼저 “주변 친구 중에 인터넷으로 야동을 본 친구가 있어요. 그 친구가 같이 보자고 했는데 저는 이상한 것 같아서 안 봤습니다”라고 생생한 스토리를 들려준 적도 있었다. 그래서 나는 “친한 친구의 말은 거절하기 어려울 텐데 휩쓸리지 않고 보지 않았구나. 진짜 멋지다. 말해줘서 고마워”라고 칭찬해주었다.

이렇듯 자녀 성교육을 할 때는 '긍정과 칭찬'이 우선이다. 그래야 자녀들이 양육자에게 마음을 열고 어떤 일이든 이야기를 할 것이다. 이런 긍정적인 이야기를 먼저 하고 그 다음에 성에 대해 주의할 점을 말해주면 된다.

성 대화는 양육자와 자녀를 친밀하게 만든다

이렇게 성과 관련해서 자녀와 쭉 대화하다 보면 자연스럽게 다른 주제에 대해서도 쉽게 나눌 수 있다. 성에 관한 이야기는 다른 이야기보다 깊고 은밀한 주제이기 때문이다. 성에 관해 이야기를 나누면 양육자와 자녀의 관계가 깊어지고 친밀해진다.

나는 어릴 때부터 엄마와의 성 대화를 통해 세상 누구보다 깊고 친밀한 사이가 되었다. 엄마에게 성뿐만이 아니라 다양한 고민을 이야기하며 문제를 해결하고 위안을 얻었다. 내가 성교육 강사로서 사람들에게 영향력을 펼칠 수 있었던 것도 엄마와의 '성 대화' 덕분이다.

이렇듯 양육자의 성교육은 자녀와의 관계를 친밀하도록 만든다. 위에 소개한 방법대로 지금부터 실천해보자.

♀♂

반드시 알아야 할 음란물 대처 방법 다섯 가지

음란물의 쓰나미에서 살아가는 방법

현재 우리는 음란물의 쓰나미 속에 살고 있고 이 문제가 얼마나 심각한지 양육자부터 알고 있어야 한다. 서울지방경찰청이 지난 1년 동안 SNS와 동영상 사이트에 아동·청소년 음란물을 게시, 유포하거나 내려 받은 117명을 적발했는데 이 가운데 미성년자 비율이 51%로 절반을 넘었고, 특히 '초등학생 비율이 28%'나 되었다. 11세 여자아이가 스마트폰 채팅에서 중학생에게 자기 몸을 찍는 영상을 보내줬는데 이 영상이 해외 동영상 사이트까지 유출이 되었다.[63]

'엄마 몰카'라는 말을 들어보았나? 엄마 몰카란 아이들이 엄마의 자는 모습, 얼굴이나 신체 부위까지 과감하게 촬영하는 것이다. 유튜버의 꿈을 꾸는 초등학생들이 조회 수와 구독자 수를 늘리기 위해 엄마 몰카(불법 촬영) 영상을 찍어 유튜브에 올리고 있었다.[64] 이뿐만 아니라 한 초등학생은 몰카 음란물을 보며 에스컬레이터에서 여성의 치마 속을 촬영하다 현장에서 붙잡혔다. 이렇듯 현재 음란물은 아이들에게 매우 부정적인 영향을 미치고 있다.

실제로 현 안전행정부가 2012년 발표한 〈청소년 성인물 이용 실태 조사〉를 보면, 음란물을 보고 변태적인 장면을 자연스럽게 여기게 됐다는 반응이 16.5%, 성추행·성폭행 충동을 느낀다는 답이 5%였다. 또 고교생의 20.3%가 음란물을 본 뒤 '따라 하고 싶었다'라고 응답했다.[65] 이렇게 음란물이라는 바이러스는 현재 우리 아이들 문화 곳곳에 침투해 이들을 병들게 하고 있다.

음란물을 막기 힘든 이유와 대처 방법 다섯 가지

음란물을 막기란 거의 불가능하다. 당장 인터넷 클릭만 하더라도 야하고 자극적인 광고가 천지다. 내 아이에게 스마트폰이 없다고 하더라도 친구를 통해서 언제, 어떻게 볼지는 아무도 모른다. 마구잡이로 밀려오는 음란한 성을 막기 위해 바로 양육자의 성교육이 필요하다. 그럼 내 아이가 음란물을 본다면 어떻게 해야 할까? 여기에 현명하게 대처하는 다섯 가지 방법이 있다.

첫째, 절대 겁주거나 혼내지 마라.

음란물을 보는 아이를 발견했을 때 양육자와 아이 모두 당황한다.

양육자보다는 걸린 아이가 훨씬 더 당황하고 난처해한다. 걸린 것만으로도 부끄러운데 이때 겁주거나 혼내면 아이는 죄책감과 수치심을 느낀다. 그 이후에는 음란물을 보더라도 양육자에게 절대 이야기하지 않을 것이다. 만약 음란물을 보는 아이를 봤거나 검색 목록을 보다 알게 되었다면 겁주거나 혼내지 마라. 아이가 컴퓨터, 스마트폰을 보는데 갑자기 음란물이 뜨거나 우연히 검색했을 수도 있다. 그건 아이의 잘못이 아니다. 당황하지 말고 침착하게 상황부터 파악해야 한다. 상황 파악이 되었다면 천천히 대화를 나눠라. 겁주거나 혼내지 않는 것만으로도 반은 성공한 것이다.

둘째, 음란물을 같이 보면 안 된다.

절대 음란물을 아이와 같이 보지 마라. 요즘 아이들이 보는 음란물은 왜곡적이고 비정상적인 것이 많다. 불법 촬영물(화장실, 몸캠 등), 아동 강간물, 근친상간, 심지어 수간(동물하고 하는 행위)까지 있다. 이런 음란물은 폭력적이고 잘못된 성 가치관을 갖게 한다.

성교육 전문가들도 이런 음란물을 보고 중독된 아이들을 대할 때 힘들다. 그런데 양육자가 이런 영상을 같이 보며 아이에게 잘 알려줄 수 있을까? 보는 것 자체가 불법이고 이런 잘못된 음란물은 보지 않아야 한다고 가르쳐야 한다.

셋째, 왜 나쁘고 잘못되었는지 서로 대화하라.

음란물과 현실은 엄연히 다르다. 음란물에는 성의 3대 요소인 '사랑, 생명, 기쁨'이 없다. 성을 행위와 오락으로만 보고 자극적이고 적나라한 장면만 나온다. 음란물에는 사람에 대한 동의와 존중이 없고 피임조차 잘 하지 않는다. 특히 폭력적인 장면도 많고 여성을 도구나 물건으로 보며 성을 상품화시킨다.

심지어 음란물을 찍었던 AV 배우마저 음란물대로 하는 건 최악의 행위니 절대 따라 하지 말라고 할 정도다. 이렇게 음란물이 왜 나쁘고 잘못되었는지 양육자는 아이와 대화를 통해 차근차근 설명해야 한다.

넷째, 보고 따라 하면 절대 안 된다고 가르쳐라.

컴퓨터로 인터넷 검색을 하거나 스마트폰에서 우연히 음란물을 볼 수 있다. 다만, 보고 따라 하면 절대 안 된다고 가르쳐라. 아이들이 음란물에 나온 성적인 농담이나 행위를 따라 하다 발생한 성폭력 사건이 수없이 많다. 심지어 중학생 아이가 근친상간 음란물을 보고 중독되어 초등학생 여동생을 성폭행한 사례도 있다. 위에서 말했듯이 우연히 음란물을 볼 수 있으나, 그 안의 내용을 절대 따라 해서는 안 된다고 가르쳐야 한다.

다섯째, 양육자는 아이의 편이 되어야 한다.

아이가 음란물을 보게 되었을 때 양육자의 역할이 가장 중요하다. 나도 초등학교 4학년 때 우연히 컴퓨터로 음란물을 본 적이 있다. 그게 하필 일본풍의 만화 영상이었다. 여자가 여러 명의 남성에게 강간을 당하고 나중에는 촉수 괴물이 나와 여자를 찢어발기는 충격적인 영상이었다. 놀라고 역겨워서 화장실에 가서 토했다. 20년이 지난 지금도 그때 보았던 이미지와 음악이 지워지질 않는다. 그만큼 음란물은 평생 뇌에 각인이 될 정도로 무섭고 충격적이다.

그때 나는 당장 엄마에게 이 사실을 솔직히 이야기했다. 나는 모태

신앙인이라 어릴 때부터 교회를 다니고 있었는데, 엄마 앞에서 나는 지옥에 갈 거라며 펑펑 울었다. 그때 엄마는 나를 혼내는 대신 이렇게 말했다.

"석원아, 많이 힘들었지? 일단 엄마에게 솔직하게 말해줘서 고마워. 사람은 누구나 실수할 수 있어. 근데 실수하는 것보다 더 중요한게 뭔지 알아? 그 이후에 반성하고 어떻게 대처하는가야. 넌 일단 엄마한테 말했잖아. 그것만으로도 대단하고 잘한 거야. 이제 그런 나쁜 영상을 보면 안 된다는 걸 알았지? 앞으로 혹시라도 그런 것을 보게 되면 언제든 이야기해줘. 엄마는 어떠한 상황에서도 항상 네 편이야. 같이 이겨보자."

엄마의 사랑이 담긴 진심 어린 말이 두렵고 떨렸던 나의 마음을 따뜻하게 감싸주었다. 지금도 그때 봤었던 영상과 음악이 가끔 무의식적으로 떠오르지만, 엄마가 나에게 해주었던 믿음과 사랑이 더 크기 때문에 힘들지 않다. 만일 그때 엄마가 나를 크게 혼내거나 나에게 무관심했다면 나는 두려움과 죄책감에 시달렸을 것이다. 엄마는 지금도 그렇지만 항상 나의 편이다. 그런 엄마의 관심과 사랑으로 나는 충격적인 음란물도 극복할 수 있었다.

음란물에 대처하는 방법 다섯 가지를 상황에서 맞게 적절히 사용해 보자. 이제는 성교육을 통해 아이들에게 음란물을 이길 힘과 면역력을 길러줘야 한다. 그게 바로 양육자의 역할이다.

내 아이가 성폭력 피해자가 되었을 때 대처 방법

누구든 될 수 있다

양육자는 내 아이가 언제든 성폭력의 피해자가 될 수 있다는 사실을 알고 있어야 한다. 물론 성폭력은 일어나지 않는 것이 가장 좋다. 하지만 양육자와 주위 어른들이 아무리 아이를 보호한다고 해도 성폭력으로부터 완벽하게 보호할 수는 없다.

성폭력을 당했을 때 아이가 바로 이야기하면 좋겠지만 그러지 못할 수도 있다. 성폭력을 당했는데도 그것을 잘 인지하지 못하거나, 성폭력 피해를 봤다는 사실을 양육자에게 말하면 혼날까 봐 걱정하기 때문이다. 행여 성폭력을 당했다는 것을 말하지 못했어도 절대 아이에게 책임을 전가하거나 혼을 내면 안 된다. 가장 불안하고 힘든 게 '아이'라는 사실을 잊지 말아야 한다.

아동 성폭력 방지와 대응에서 양육자의 역할은 매우 중요하다. 사건이 발생했을 때 양육자가 상황을 제대로 인지하고 얼마나 신속하고 적절하게 대응했는지에 따라 피해 아동의 회복 및 가해자에 대한 조치 정도가 달라지기 때문이다. 그래서 항상 양육자는 세심한 관찰로 아이의 몸과 마음의 변화를 잘 감지해야 한다.

아이 성폭력에는 이렇게 대처하자

아이 성폭력에 대처하려면 3단계를 따라야 한다.

1단계는 현재 상황에 대해 인지하는 것이다.

아이가 성폭력을 당했다는 사실을 알았을 때 양육자는 대부분 공황 상태에 빠진다. 처음에는 아이가 성폭력을 당했다는 상황을 부정하기도 한다. "그게 진짜야?"라고 아이의 말을 의심할 수도 있다. 특히 가해자가 친척 등 아는 사람일 경우에는 더 그렇다. 하지만 그럴수록 상황을 잘 인지하고 아이의 말을 믿어주어야 한다. 힘들겠지만 우선 침착하게 자신의 감정을 추스른 뒤에 아이를 위로해주고 대처 방법을 찾아라.

아이끼리의 성폭력 문제일 경우 바로 화나서 대뜸 학교 또는 가해 아이를 찾아가는 양육자도 있는데, 이는 그다지 현명한 방법은 아니다. '중요한 것은 피해 아이가 원하는 것이 무엇인지 아는 것'이다. 피해에 대한 사과 또는 보상, 가해자의 처벌 등 피해자 아이가 어떤 걸

원하는지 구체적으로 고민해봐야 한다.

여기서 양육자는 두 가지에 초점을 맞춰야 한다. 첫째는 피해 아이가 원하는 대로 해결하는 일, 둘째는 아이의 진정한 회복이다. 단, 자기표현을 못 하는 어린아이나 장애인은 아이가 원하는 게 무엇인지 스스로 판단하고 표현할 수 없으므로 보호자가 판단해야 한다.

2단계는 증거를 채취하고 확보하는 일이다.

어느 정도 상황을 인지했다면 증거를 채취하고 확보해야 한다. 이 과정에서 아이의 동의를 얻고 녹음이나 영상으로 남겨두면 더 좋다. 이렇게 남겨두는 이유는 나중에 이어질지 모르는 법정 공방까지 염두에 두기 위함이다.

증거를 채취하기 위해 질문할 때 주의할 사항이 있다. 유도하는 질문을 하면 안 된다는 것이다. 예를 들어 "걔가 너 바지 벗겼지?", "그때 그 사람이 확실히 너 만진 거 맞지?" 등 이렇게 양육자가 유도한 질문은 법적인 공방 시 불리하게 작용할 수 있다.

유도하는 질문인 아닌 '열린 질문'을 통해 증거를 확보해야 한다. 사실 관계를 알기 위해서는 우선 사건에 대해 정확히 알아야 한다. "어떤 수업 마치고 그랬어?", "주변에 함께 본 친구들은 없었고?" 등 아이가 상황에 대해 충분히 생각하고 대답하도록 해야 한다.

그리고 점점 가해자의 인상착의 등 질문을 구체적으로 확장해가면 된다. 물론 양육자가 이렇게 질문하기란 쉽지 않다. 양육자 자신도 당황스럽고 화가 나기 때문이다. 이럴 때는 전문 기관에 문의와 상담을 요청하는 것도 좋은 방법이다.

3단계는 앞서 말한 전문 기관에 신고하고 문의와 상담을 요청하는 일이다.

양육자가 상황을 해결하기 힘들거나 고민이 된다면 즉시 1366이나 112에 신고하라. 사건이 학교와 관련이 있으면 교사와 긴밀히 협조하는 것도 한 가지 방법이다. 가해자가 피해 아동의 친척일 경우에는 신고를 망설이는 경우가 있다. 이러한 경우에도 반드시 신고해야 재발을 방지하고 피해 아동에 대한 보호와 치료 및 지원을 받을 수 있다.

그리고 가까운 해바라기센터를 방문해서 성폭력 증거를 채취하고 의료적 지원을 받아라. '해바라기센터'는 성폭력 피해 아동과 여성뿐만 아니라 가정폭력 피해 아동과 여성 그리고 성매매 피해 여성을 지원하는 곳이다. 365일 24시간 운영되며 전국에 지점이 있다.

지원에는 의료, 상담, 심리치료, 치료, 수사, 법률 지원 등 통합적인 서비스를 체계적이고 전문적으로 제공한다. 증거가 될 만한 옷가지와 증거를 가지고 가까운 해바라기센터를 방문하라. 이곳에서는 전문가가 녹취와 녹화를 도와준다.

만약 가해자를 형사로 고소할 예정이라면 변호사 상담을 받아야 한다(참고로 13세 미만 아동 상호 간 성폭력은 가해 아동을 법적으로 처벌할 수 없다). 성폭력 전담 변호사를 만나 상의하고 준비하면 된다. 변호사 비용이 부담될 수도 있는데 해바라기센터를 통해 국선 변호사의 도움을 무료로 받을 수도 있다. 법적인 부분은 일반인이면 헷갈리거나 잘 모르기 때문에 반드시 변호사의 도움을 받는 것이 좋다.

피해 아이에게 '해야 할 것'과 '하지 말아야 할 것'

성폭력 피해자에게는 무엇보다 말과 행동을 조심해야 한다.

아이에게 해야 할 말과 행동

- "이렇게 이야기해줘서 고마워."
- "이 일은 너 때문에 일어난 게 아니야."
- "네가 속상하고 화가 나는 것은 당연한 거야."
- "네가 잘못한 것은 하나도 없어."
- "엄마, 아빠는 너를 믿어. 그리고 항상 네 편이야."

아이에게 하지 말아야 할 말과 행동

- "야, 네가 조심했어야지. 왜 싫다고 말하지 않았어?"
- "그 사람이 오죽하면 그랬을까? 처신을 잘했어야지."
- "동네 창피하다. 다른 사람한테는 절대 이야기하지 마!"
- "너 때문에 도대체 이게 뭐야? 다 힘들잖아."
- "어떻게 피해를 보고 가만히 있어? 용서하지 마!"

| 성폭력 피해에 대해 도움을 받을 수 있는 기관과 단체 |

- 여성 긴급전화 1366 (www.seoul1366.or.kr)
- 전국해바라기센터(원스톱지원센터) 1899-3075
- 한국성폭력상담소 02-338-2890 (www.sisters.or.kr)
- 한국여성민우회 성폭력상담소 02-335-1858 (http://womenlink.or.kr)
- 한국여성의전화 성폭력상담소 02-2263-6465 (www.hotline.or.kr)

양육자와 아이 모두 치료와 회복이 필요하다

아이가 겪은 성폭력 문제를 해결하기 위해서는 양육자도 몸과 마음의 건강을 잘 챙겨야 한다. 아이의 치료와 회복도 중요하지만, 양육자 또한 온전히 회복해야 아이를 곁에서 지켜줄 수 있다. 여기서 중요한 것은 양육자는 아이의 편에서 든든한 버팀목이 되어야 한다는 것이다. '양육자마저 아이의 편이 안 되면 누가 아이의 편이 될까?' 아이의 편은 양육자밖에 없다. 물론 모든 양육자와 아이가 이렇게 힘들거나 치료가 필요한 건 아니다. 사람에 따라 심리적인 치료와 지원이 없이 회복하는 경우도 있다.

성폭력에 대해 원하는 대로 해결되면 좋겠지만, 그렇지 않더라도 자책하지 마라. 결과를 떠나 당신의 잘못이 결코 아니다. 문제를 해결하기 위해 아이와 함께했던 모든 순간이 최선을 다한 것이다. 사건의 결과를 떠나서 회복에 집중하고 아이 곁에서 힘이 되어주자.

내 아이가 성폭력 가해자로 지목당했을 때 대처 방법

내 아이라도 예외라고 생각지 말자

내 아이가 언제든 성폭력의 피해자가 될 수 있듯이 '가해자'가 될 수도 있다. 물론 이런 일이 일어나지 않는 것이 가장 좋지만, 내 아이가 절대 가해자가 안 된다고 단언할 수는 없다. 실제 또래 아이들이 가해자가 되는 경우도 꾸준히 증가하고 있다.

내 아이가 성폭력의 가해자로 지목받았다고 생각하면 대부분 양육자는 "설마, 우리 애는 절대 그럴 리가 없어. 단순한 장난일 거야"라며 인정하지 않는다. 그러나 집에서 양육자의 말을 잘 따르고 순한 아이지만 밖에서는 성폭력의 가해자가 될 수도 있다. 가정에서 양육자의 경계 존중 교육이 부족하거나 친구와 미디어의 영향을 받았을 수도 있다.

내 아이가 피해자가 되었을 때만큼이나 가해자로 지목당했을 때도 양육자의 역할이 매우 중요하다. 사건이 발생했을 때 양육자가 상황을 제대로 인지하고 얼마나 신속하고 적절하게 대응했는지에 따라 문제 해결 여부가 달라질 수 있기 때문이다.

내 아이가 가해자로 지목당했다면 이렇게 하자

1단계는 사실 관계를 확인하고 적극적으로 참여하는 것이다.

내 아이가 가해자로 지목되었을 때는 상황을 "그럴 리 없어"라며 부정만 해서는 안 된다. 양육자부터 우선 상황을 침착하게 받아들이고 사실 관계부터 확인하라. 내 아이가 피해 아이에게 '가해'를 했는지에 대해 피해 아이와 양육자 그리고 주변 증언을 들어야 한다.

이런 사실 관계 확인을 위해 양육자와 아이는 학교와 수사기관에 적극적으로 참여해야 한다. 대부분 자신의 아이가 성폭력 가해자라는 것을 인정하지 않기 때문에 불성실한 태도로 임하는데 절대 해서는 안 될 행동이다. 이건 상대방의 양육자와 아이에게 2차 가해를 주는 것과 마찬가지다. 게다가 이런 불성실한 행동은 결국, 내 아이에게도 좋지 못한 태도다.

2단계는 진심 어린 사과와 피해자의 요구 사항을 이행하는 일이다.

주변 증언 또는 수사기관에서 자신의 아이가 가해했다는 사실이 판명되면 되도록 빠르게 진심을 담아 사과해야 한다. 대부분 문제가 커지는 이유는 가볍게 생각하고 제대로 된 사과를 하지 않았기 때문이다.

피해자 아이와 양육자의 마음을 조금이라도 이해하고 공감한다면 변명하지 말고 진심으로 사과하라. 사과뿐만이 아니라 피해자 양육자와 아이가 원하는 요구 사항을 이행해야 한다. 말로만 사과하는 것이 아니라 행동으로 보여주는 게 진짜 사과다.

3단계는 재발 방지를 위한 교육이다.

피해자에게 진심 어린 사과와 함께 중요한 것은 재발 방지다. 내 아이가 다시는 같은 일을 반복하지 않도록 해야 한다. 이때 교육은 아이뿐만이 아니라 되도록 양육자도 함께 받아라. 아이가 변하기 위해서는 양육자부터 변화해야 한다. 가정 내에서 성 가치관을 재확립하고 경계 존중 교육이 잘 되어 있는지 점검해봐야 한다.

가해 아이 중에는 상대를 가해하겠다는 의도가 아니라 '장난'이나 '놀이'로 인식하면서 또래에게 성폭력을 저지르는 경우가 많다. 그러나 또래 간 성폭력을 단순한 장난 또는 성장 과정에서 일어나는 모습으로만 치부해선 안 된다.

왜 아이가 이런 행동을 하게 됐는지 분명히 파악하는 것이 필요하다. 실제로 자주 일어나는 '장난을 가장한 폭력'에 대해 알려주어 아이들이 또래 관계에서도 적절한 경계선을 지킬 수 있도록 교육해야 한다. 그래야 아이가 또다시 이런 성폭력을 저지르지 않는다.

아이가 가해자로 지목되었을 때 하면 안 되는 말과 행동

아이가 가해자로 지목되었을 때 양육자는 다음과 같은 말과 행동을 절대로 하지 말아야 한다.

첫째, "단순한 장난이야, 사소한 거야"라는 말은 금물이다.

성폭력은 장난이 아니다. '폭력'일 뿐이다. 결코, 사소한 일도 아니다. 보통 아이가 한 성폭력은 성인에 비교해 사소한 것으로 생각하는데 잘못된 생각이다. 아이들 사이라도 성적자기결정권을 침해하는 모든 행위가 성폭력이 될 수 있다.

아이들끼리 사소한 장난일지 몰라도 그것이 예리한 칼이 되어 누군가를 찌를 수 있다는 사실을 명심해야 한다. 양육자의 이런 태도는 성폭력에 대한 아이의 태도를 무감각하게 만들어 나중에 더 큰 일이 일어나게 만들 수 있다.

둘째, "그 애가 너무 예민한 거 아니야?"라고 생각하지 마라.

과연 그 애(피해자)가 예민한 걸까? 피해자가 느끼는 감정은 어떤 경우라도 존중받아야 한다. 예민하다고 말하는 것은 성폭력을 사소한 것으로 보는 잘못된 통념 때문이다. 피해자가 예민한 게 아니다. 피해자가 예민하다고 생각하는 사람이 '무감각하고 둔한 것'이다. 그래서 양육자부터 성인지 감수성을 높여야 한다. 성을 바라보는 민감성이 올라가야 성폭력에 대한 감수성이 올라가고 타인에게 함부로 행동하지 않는다.

셋째, 아이를 배척하거나 무시하는 태도를 보여서는 안 된다.

자신의 아이가 성폭력 가해자라는 이유만으로 양육자는 아이에게 크게 실망하게 된다. "도대체 내가 널 어떻게 키웠는데 이 모양이야? 다신 집에 들어오지 마!"라며 무시하다 못해 배척하는 양육자도 있다. 그러나 잘못한 아이라도 내 아이며, 양육자는 양육할 책임이 있다.

이런 말을 하는 양육자의 마음과 심정은 충분히 공감하지만 이런 부정적이고 배척하는 태도를 보여서는 안 된다. 그건 아이를 낭떠러지로 미는 일이다. 이 일을 통해 이제 아이를 제대로 교육하고 선도하면 된다.

아이가 다시는 같은 일을 반복하지 않도록 가르쳐라

가정에서뿐만이 아니라 학교나 기관에서도 적극적으로 가해 아이를 위한 재발 방지 교육을 해야 한다. 아이들의 성폭력을 줄이기 위해서 가해자를 무조건 엄벌하고 솎아내는 것이 능사는 아니다. 아이가 성폭력을 한 것은 물론 잘못된 행동이지만, 사회에서 이렇게 받아주지 않고 무작정 매장만 해서는 안 된다. 이런 아이들이 사회에서 무시당하고 격리되면 또다시 재범할 수 있기 때문이다.

양육자는 아이가 자신의 잘못을 인정하고 변화될 수 있도록 기회를 주어야 한다. 양육자가 아이를 선도하고 다시는 같은 일을 반복하지 않도록 하는 것이 최선의 방법이라는 것을 명심하자.

♀♂

디지털 성범죄와 대처 방법

심각할 대로 심각해진 디지털 성범죄

"강사님, 어느 날 아이의 폰을 보고 경악했습니다. 초등학생인 제 딸이 랜덤 채팅으로 누군가와 대화를 나누더군요. 그러더니 채팅으로 딸이 자신의 가슴과 성기를 찍어서 보냈습니다. 경찰에 신고하긴 했는데 너무 무섭고 떨리고 또 걱정됩니다."

디지털 세상은 언제든지 아이들을 위험에 빠뜨릴 수 있다. 아이들은 성인 음란물 검색, 시청, 공유뿐만 아니라 직접 촬영한 사진, 영상 등을 공유하기도 한다. 현재 디지털 세상에서 아이들은 위기에 놓여 있다. 양육자부터 성과 미디어를 올바르게 이해하고 아이들이 디지털 세상에서 탈선하지 않도록 지켜야 한다.

'디지털 성범죄'란 디지털 기기를 이용한 모든 성범죄를 말한다. 스마트폰, 카메라 등 매체를 이용해 상대의 동의 없이 신체를 촬영하고 촬영 동의 여부와 무관하게 해당 촬영물을 디지털 공간에 동의 없이 유포하거나 유포하겠다고 협박하는 행위, 저장, 전시하며 성적 괴롭힘을 가하는 모든 행위를 포함한다.

여기서는 몰카가 아니라 '불법 촬영'으로 설명한다. '몰카'라는 용어는 이벤트나 장난 등 '유희적 의미'를 담고 있어 범죄 의식 약화를 가져올 수 있기 때문이다. 또한 디지털 성범죄의 중대성과 피해를 왜곡시키는 문제점도 있다. 이에 정부에서도 '몰카' 대신 범죄의 불법성을 강조한 '불법 촬영'이라는 용어를 사용하고 있다.

2019년 발생한 정준영 단톡방부터 모 방송사 유명 앵커의 불법 촬영 사건은 '디지털 성범죄'가 얼마나 일상화되고 만연해 있는지를 보여주는 사례다. 그들의 유명세나 직업군과 무관하게 '디지털 성범죄'가 일상화되고 만연해 있음을 보여준 방증이다.

경찰청에 따르면, '디지털 성범죄 등 불법 촬영물 유포 범죄'는 2013년 2,300여 건에서 꾸준히 증가해 2017년 5,400여 건으로 5년 새 두 배 가까이 늘었다. 이렇게 불법 촬영된 사진이나 동영상은 쉽게 공유되며 수많은 디지털 성범죄 피해자를 양산하고 있다. 디지털 성범죄는 여성을 성적 대상화하고 상업적으로 소비하는 왜곡된 성 인식이 만든 범죄다.

몰카(몰래카메라)를 이용한 불법 촬영은 성폭력방지 특별법 제14조 '카메라 등을 이용한 촬영죄'의 적용을 받는다. 촬영 당시에는 상대방의 동의가 있었다 할지라도 사후에 동의 없이 촬영물을 유포, 판매 또는 공공연하게 전시·상영한 경우 5년 이하의 징역 또는 3,000만 원 이하의 벌금을 물린다. 또한 영리를 목적으로 인터넷에 유포한 경우 벌금형 없이 7년 이하의 징역에 처한다.

그만큼 디지털 성범죄의 형은 무겁다. 아니, 이 형벌은 더욱 무거워져야 한다. 그 이유는 디지털 자료의 특성상 불법 촬영된 동영상이나 사진이 인터넷에 유포되면 영구적인 삭제가 불가능해 피해 복구가 어렵기 때문이다. 이러한 피해가 끝나지 않는 점에서 피해자는 끊임없이 고통을 받을 수밖에 없어 디지털 성범죄의 심각성은 나날이 커지고 있다.[66]

청소년 40% '디지털 성폭력 피해 경험'

아동·청소년은 성인 음란물 사이트 접속, SNS나 채팅 앱에서 낯선 사람과 친구하기, 섹스팅(sexting), 웹캠 등을 이용한 음란 채팅 등 성적 위험 행동에 무방비로 노출되고 있다. 위험한 성적 행동은 아동·청소년이 온라인 그루밍(길들이기), 성폭력, 성매매 등과 같은 성 착취 및 학대의 대상이 될 위험성을 증가시키고 있다.

중·고교생 43,544명을 대상으로 설문조사한 〈디지털 환경에서의 학생 성폭력 실태조사 및 정책 개선방안 연구〉 보고서에 따르면 청소년의 40%가 디지털 성폭력 피해 경험이 있었다. 상대방이 알몸 사진을 동의 없이 보내왔다거나 성관계를 제안했다는 응답도 각각 5.0%,

2.6%나 되었다.

특히 한국 사회에선 아동·청소년 성 착취 사진과 영상이 랜덤 채팅 앱 등에서 버젓이 공유되고 있다. 특히 이런 랜덤 채팅 앱은 아동·청소년의 사진이나 영상 등의 성 착취가 이뤄지는 1차 피해의 공간이면서 동시에 이를 재배포하는 2차 피해의 공간이기도 하다.[67]

양육자부터 성과 미디어에 대한 올바른 이해가 필요하다

아이들에게 안전한 인터넷 환경을 만들려면 가정에서 양육자가 각별한 관심을 기울이고 필요한 역할을 담당해야 한다. 방지 활동이 효과적으로 이루어지기 위해서는 양육자부터 아이들의 모바일 미디어 환경과 온라인 성 문화에 대한 이해가 선행되어야 한다.

특히 일상에서 아이가 장난으로라도 함부로 성적인 말을 하거나 촬영하지 않도록 가르쳐야 한다. 만약 아이가 불법 촬영에 대해 가볍게 생각하거나 시청 또는 공유하는 걸 보게 된다면 '범죄'라고 단호하게 이야기해야 한다. 지금 아이들에게 필요한 것은 성과 미디어에 대한 올바른 분별력과 판단력이다. 이 힘을 길러주기 위해 양육자는 평소 아이와 성과 미디어에 대해 깊이 있는 대화를 나눠야 한다.

불법 촬영 사진이나 영상은 "촬영하는 것도, 유포하는 것도, 보는 것도 모두 범죄"라는 사실을 반드시 알려주자. 아이들이 이런 위험에 빠지지 않도록, 아이들의 목소리에 양육자뿐만이 아니라 온 사회가 귀 기울여야 한다.

디지털 성범죄 피해에는 이렇게 대처하자

1단계는 상황을 파악하는 일이다.

아이가 랜덤 채팅을 하거나 피해자인 걸 양육자가 발견하면 우선 침착하게 상황부터 파악하라. 무작정 아이를 다그치거나 혼내서는 안 된다. 구체적으로 채팅이나 불법 촬영물이 어떻게 공유되고 아이가 어떤 행동까지 했는지 정확하게 알아봐야 한다.

2단계는 성범죄 피해 자료를 수집하는 일이다.

성폭력 피해와 마찬가지로 증거를 확보하는 것이 중요하다. 피해 촬영물, SNS 메시지 또는 단톡방 캡쳐, 게시물 캡쳐 등 증거를 최대한 확보한다.

3단계는 피해자 지원을 받는 일이다.

한국사이버 성폭력대응센터와 디지털 성범죄피해자지원센터는 디지털 성범죄의 피해자를 지원하는 기관이다. 피해자는 그곳에서 피해 사건에 대한 상담, 삭제, 심리치료를 지원받을 수 있다. 만약 법적 대응을 원하면 센터를 통해 수사·법률 지원을 받을 수 있다.

| 디지털 성범죄 지원 기관 |

- 한국사이버 성폭력대응센터 02-817-7959 (http://cyber-lion.com)
- 디지털 성범죄피해자지원센터 02-735-8994 (https://www.women1366.kr/stopds)

♀♂

자녀가 자위하는 것을 알았을 때 대처 방법

언제나 핫한 주제, 자위

성교육에서 자위는 언제나 핫한 주제다. 예전에 비해 지금은 자위에 대한 선입견과 편견이 줄어들었다고는 하나, 아직 자위 하면 거북하고 부끄럽다는 인식이 남아 있다. 양육자 성교육을 하다 보면 자녀의 자위에 관한 이 같은 질문을 자주 받는다.

'자위'는 스스로 자(自), 위로할 위(慰)로 자기 위안의 줄임말이다. 자위는 성적인 즐거움을 느끼거나 욕구를 해소하기 위해 스스로 성기나 자신의 몸을 만지는 것을 말한다. 우선 이 글을 읽는 당신은 '자위' 하면 어떤 생각이 먼저 드는가?

'부끄럽다', '불결하다'라는 생각이 든다면 자신이 성에 대해 느끼는 부끄러움과 불편함 때문이다. 유아 편에서도 말했듯이 태아도 자위를 한다. 이렇게 자연스러운 것이 자위인데 그동안 사회, 문화, 종교적인 이유와 성교육의 부재로 나쁘다는 누명을 쓰게 되었다.

자위에 대한 오해와 진실

청소년에게 성교육을 하면 가장 많이 듣는 질문도 '자위'다. 남자나 여자나 상관없이 자위에 관해 끊임없이 질문한다. 질문을 듣다 보면 잘못된 정보가 너무 많다. 양육자부터 아이에게 교육하기 이전에 자위에 대한 오해와 진실을 알아야 한다.

가장 큰 오해는 자위하면 키가 크지 않는다는 말이다. 그러나 자위와 키는 직접적인 상관관계가 없다. 키에 영향을 미치는 요인은 유전, 환경, 영양 섭취, 식습관 등이다. 자위하면 키가 안 큰다거나 뼈가 삭는다는 말은 거짓이다. 다만 잦은 자위는 한참 중요한 성장 단계에서 일상생활의 흐름을 방해한다. 그래서 숙면을 저해하는 등 키 성장을 방해하는 요소로 작용할 수 있다. 뭐든지 과유불급이다.

적당한 자위 횟수가 있는가 하는 것도 자위에 대한 오해와 진실에 자주 등장하는 질문이다. 성은 사람마다 개인차가 크다. 보통 일주일에 2~3회 정도를 추천하지만 적당한 자위 횟수를 정의하기도 어렵다. 기본적으로 일상생활에 무리가 없고 피곤하지 않은 정도가 가장 적정한 수준이다.

자위하는 자녀, 혼내지 말자

자위하다가 걸렸을 때 가장 당황하는 건 양육자가 아니라 자녀다. 자녀가 자위하는 모습을 보거나 알게 되었다면 혼내서는 안 된다. 양육자가 자위하는 자녀를 혼내면 성에 대한 부정적인 생각이나 트라우마가 생길 수 있다. 내가 만난 한 청소년은 자기 인생에서 가장 끔찍했던 순간이 자위하다가 걸렸을 때라고 말했다. 조심스럽게 자위를 하고 있었는데 엄마가 불쑥 방문을 열고 들어와서 이게 무슨 짓이냐며 혼냈다고 한다.

우선 노크 없이 자녀의 방을 들어간 엄마의 잘못이다. 아들에게 사과해야 했는데 오히려 화를 냈다. 아이들은 자위하며 죄책감을 느끼기도 하는데 이런 상태에서 양육자에게 혼나기라도 하면 그 충격이 배가 될 것이다. 유아 자위와 마찬가지로 절대 혼내서는 안 된다.

건강하고 올바른 자위 예절 교육을 하자

성인용품 전문 브랜드 텐가(TENGA)가 진행한 '2019 글로벌 자위행위 실태 조사(18~54세 성인남녀 1,001명)'에 따르면, 한국 남성의 96%, 여성의 57%가 자위를 했다고 응답했다.[68] 그리고 '아동과 청소년 대상 자위에 대한 성교육이 필요할까요?'라는 질문에 무려 88%가 필요하다고 말했다. 자위라는 것이 우리 생활에 매우 밀접하고 자위 교육이 필요하다는 것을 보여주는 것이다.

자녀에게 자위에 대해 알려주기 전에 양육자부터 먼저 자위를 자연스럽게 생각해야 한다. 나부터 자위가 불편한데 자녀에게 자위에 대해 잘 설명할 수 있을까? 자위를 자연스럽게 생각한다면 다음과 같이 자위에 대한 세 가지 예절 교육을 하면 된다.

첫째, 혼자만의 공간에서 해야 한다.

자위는 혼자만의 사적인 공간에서 해야 한다. 외부에서 하거나 서로 합의가 되어 있지 않은 상태에서 하면 성폭력이 될 수도 있다. 혼자만의 공간에서 해야 한다고 가르치되, 자녀의 사적 공간을 충분히 확보해주고 존중해야 한다. 양육자부터 자녀의 방에 들어갈 때는 반드시 노크하는 습관을 들여야 서로 난처한 상황이 발생하지 않는다.

둘째, 청결과 안전이 우선이다.

밥을 먹을 때 깨끗하게 먹는 것처럼 자위도 반드시 청결한 상태로 해야 한다. 성기와 손을 깨끗하게 씻고 손톱이 날카롭지는 않은지 점검하자. 청결하다면 다치지 않도록 안전하게 자위를 하면 된다.

남자아이 같은 경우에는 음경을 과도하게 문지르거나 압박하는 자위는 좋지 않다. 여자아이 경우에는 음순 쪽이 빨개질 정도로 심하게 문지르거나 질에 상처가 날 수 있는 위험한 도구를 넣어서는 안 된다.

셋째, 음란물 자위는 득이 아니라 '독'이다.

자위할 때 음란물을 보고 하는 것은 좋지 않다. 음란물을 보고 자위를 하면 성적 흥분에 이상을 일으켜 조절력을 잃고 빠르게 사정할 수 있다. 야동을 볼 때 분출되는 도파민의 과도한 자극이 중추인 변연계와 전두엽 간의 조절 기능을 현저히 저하한다. 특히 남성 같은 경우에는 이런 조절 기능의 손상으로 발기부전이나 조루 등 성 기능 장애가

발생할 수 있다.[69]

잘못된 자위 습관은 나중에 성인이 되어 성관계할 때도 문제를 일으킬 수 있다. 건강하고 안전한 자위는 득이 될 수 있으나 음란물 자위는 독이다.

자녀가 자위한다는 것을 알게 되었다면 크게 걱정하거나 혼내지 말자. 자위를 통해 자녀는 몸의 성 욕구를 관리하고 자신을 사랑하는 방법을 배운다. 양육자부터 자위에 대한 부끄러움과 불편함을 내려놓자.

올바른 자위는 미래의 사랑하는 사람과의 성관계를 아름답게 준비할 수 있도록 돕는다. 자위는 남녀 모두에게 성적 긴장을 해소하고 관리하는 하나의 완전하고 자연스러운 표현이다. 건강한 자위는 자녀가 자신의 몸의 주인이 되어 성을 주체적으로 이끌어가도록 도울 것이다.

언제 산부인과나 비뇨기과에 가야 할까?

산부인과, 비뇨기과에 대한 오해와 편견

세상이 점점 성에 대해 개방적으로 변해가고 성과 관련된 이야기도 많아졌다. 하지만 아직 산부인과와 비뇨기과 방문에 대한 인식은 크게 변한 것 같지 않다. 배가 아프면 내과에 가고 감기에 걸리면 이비인후과에 가듯이 성과 관련해 문제 또는 질환을 겪으면 산부인과, 비뇨기과에 가는 것은 당연한 일이다. 이런 당연한 일을 부끄럽게 여기거나 고민하는 양육자들이 많다.

산부인과와 비뇨기과가 무엇을 하는 곳일까? 산부인과는 아이와 임신과 분만뿐만 아니라 여성의 성 질환을 담당하는 곳이다. 문제는 산부인과 하면 대부분 임신과 출산과 관련해서 방문한다고 생각하는 것이다. 산부인과는 임신과 출산 외에도 여성의 생식기에 관련된 모든 질환을 치료하고 관리하는 곳이다. 이 때문에 어린아이부터 노인까지 모든 여성이 건강관리를 위해 찾아야 한다.

문제는 이렇게 병원 가는 것을 눈치 보거나 망설인다는 것이다. 한국여성정책연구원이 성인 미혼 여성 1,314명을 대상으로 실시한 설문조사에서 응답자의 92.8%가 임신 전에도 산부인과 검진이 필요하다고 인식하고 있는 것으로 나타났다. 그러나 동시에 82.4%가 무섭고 두렵다는 이유로 산부인과 방문을 망설였다.[70] 심지어 진료를 받을 때 앉아야 하는 의자를 '굴욕 의자'라고 부르며 진료 방법에 대해 거부감을 느낀다. 이런 부정적인 인식이 산부인과의 문턱을 높이고 있다. 산부인과 진료 방식이 모욕적이라는 인식이 퍼지면서 여성들이 산부인과 방문을 꺼린다. 이제는 굴욕 의자 등의 단어 사용을 지양하고 산부인과에 대한 심리적 장벽을 낮춰야 한다.

비뇨기과도 마찬가지다. 비뇨기과를 가는 것이 자신의 성적 능력이 떨어지거나 무언가 부족하다고 생각하는 남성들이 있다. 자신은 아무 문제 없이 건강할 거라 생각하다가 문제가 생기면 그때야 겨우 방문한다.

비뇨기과도 마찬가지로 성기능뿐만 아니라 생식기와 관련된 모든 질환을 치료하고 관리하는 곳이다. 산부인과나 비뇨기과에서 앉거나 눕는 의자는 굴욕이 아니라 질병을 예방하고 치료하는 '안전 의자'다. 이런 산부인과와 비뇨기과에 대한 잘못된 성 의식과 성규범이 성인뿐만 아니라 아이들의 삶도 위협하고 있다.

10대의 성병, 지난 5년간 약 33% 급증하다

현재 청소년들 사이에서 성병 발병률이 매우 증가하고 있다. 건강보험심사평가원에 따르면, 2014~2018년 10~19세의 청소년 자료를 분석한 결과 총 56,728명이 성병에 걸린 것으로 확인됐다. 10대 성병 환자는 2014년 9,622명에서 2018년 12,753명으로 꾸준히 증가해 증가율이 33%에 이른다.[71)]

10대 성병 환자가 늘어나는 반면, 대책은 매우 미흡하다. 아직 한국사회에서는 청소년 성과 성관계에 대한 부정적인 인식이 팽배할뿐더러 제대로 된 성교육도 하지 않고 있기 때문이다. 성병의 주 감염 경로는 직접적인 성행위이므로 성경험이 있다면 주기적으로 산부인과나 비뇨기과에 방문해 검진을 받고 적극적으로 치료를 받아야 한다. 그리고 성 경험 여부를 떠나 가정과 학교에서는 아이들이 정기적으로 산부인과, 비뇨기과에 가도록 교육해야 한다.

나는 솔로일 때나 연애할 때나 1년에 두세 번 정기적으로 병원에 가서 검진을 받는다. 그게 나의 건강과 사랑하는 사람에게 기본적인 예의라고 생각하기 때문이다. 양육자는 자녀의 건강을 보살피고 안전을 책임지는 의무를 지고 있다.

산부인과, 비뇨기과에 가는 것은 부끄러운 행동이 아니라 지혜로운 행동이다. 이 사실을 양육자부터 알고 자녀에게 교육하자. 10대들이 혼자 고민하지 않고 적극적으로 병원에 찾아갈 수 있도록 가정과 학교의 성교육이 뒷받침돼야 한다.

산부인과나 비뇨기과에 가야 할 때

1년에 한 번 정도는 건강을 위해 정기적으로 방문하는 것을 권한다. 그리고 자녀가 성기 쪽이 아프거나 이 외에도 다른 문제가 생긴다면 바로 가는 것이 좋다. 이건 성인도 마찬가지다.

산부인과를 방문해야 하는 경우

- 냉(질 분비물)이 늘고 냉의 색깔이 변하거나 악취가 나는 경우
- 음순 또는 질 입구가 계속 가렵거나, 냉이 누렇고 피가 섞여 나오는 경우
- 월경하던 여성이 전보다 세 배 이상 길어지거나 6개월 이상 월경을 안 할 경우, 월경통이나 월경 증후군이 너무 심하여 일상생활이 힘들 경우
- 성병에 관해 검진을 받거나 치료를 받아야 할 경우

비뇨기과를 방문해야 하는 경우

- 음경이 가렵거나 염증이 생겼을 경우
- 방광염, 요실금, 전립선 질환으로 배뇨장애를 겪을 경우
- 요로감염이나 요로결석에 걸려 극심한 통증을 느낄 경우
- 조루나 지루, 발기부전 등 성기능장애를 겪을 경우
- 성병에 관해 검진을 받거나 치료를 받아야 할 경우

산부인과, 비뇨기과 가는 것은 부끄러운 일이 아니다

양육자는 아이에게 산부인과, 비뇨기과에 대해 부끄럽지 않도록 가르쳐야 한다. 나는 초등학생 때 음경의 포피 사이에 치구(이물질)가 자주 껴서 잘 트고 염증이 났다. 그때 치료를 위해 비뇨기과를 갔었다. 어린 나이지만 의사에게 음경을 보여주는 것이 부끄럽고 두렵기도 했다. 그런 나에게 엄마는 이렇게 말했다.

"석원아, 저번에 네가 감기 걸렸을 때 이비인후과에 가서 진료받고 약 받았지? 그거 먹고 바로 나아 다시 건강해졌잖아. 여기도 마찬가지야. 아플 때 병원에 오는 것은 부끄러운 게 아니라 똑똑한 거야. 얼른 치료받아야 건강해질 수 있어. 걱정하지 마! 괜찮아."

어릴 때부터 엄마의 이런 교육 덕분에 더는 병원 가는 것을 부끄러워하지 않았다. 그리고 주변에 지인들이 성 고민 또는 질환을 겪고 있을 때 적극적으로 가라고 권했다. 단순한 염증이나 질염 정도는 진료받고 약만 잘 먹어도 금방 해결할 수 있다. 뭐든지 제때 치료를 받지 못하면 문제가 더 커지는 법이다.

이제 아이에게 산부인과, 비뇨기과 가는 것을 부끄럽지 않도록 가르쳐라. 이런 양육자의 관심과 교육이 나중에 자녀가 겪을지도 모르는 성 문제를 잘 대처할 수 있도록 해줄 것이다.

양육자들이 가장 많이 하는 질문 베스트 5

베스트 ❶

성교육이 오히려 아이의 호기심을 더 부추기지 않을까요?

"제 아이는 초등학교 4학년입니다. 매일 성폭력 사건을 보며 제 아이도 성교육이 필요하다는 것을 느꼈습니다. 근데, 혹시나 제 아이에게 미리 성교육을 해주면 없던 호기심이 생겨 따라 하지 않을까요? 그래서 계속 망설였어요. 성교육, 지금 해도 괜찮을까요?"

성교육 강의를 하면 양육자들에게 가장 많이 듣는 질문 중 하나다. 바로 아이에게 성교육을 미리 하면 아이들이 호기심을 가지고 따라 하지 않느냐는 질문이다. 양육자에게 이런 질문을 과장해서 '5조 5억' 번을 들은 것 같다.

아이 성교육을 망설이는 양육자에게 받는 질문의 '끝판왕 중의 끝판왕'이다. 하도 답변을 많이 해서 예측 가능하다 못해 오늘도 이 질문이 나올 거라는 예언까지 하는 지경에 이르렀다. 아이에게 성교육하면 도대체 어떤 호기심이 생기고 어떤 걸 따라 할까? 그리고 왜 이런 걱정이 드는 것일까?

그 이유는 양육자부터 성에 대해 잘 알지 못해 막연한 불안감과 걱정을 갖기 때문이다. 성교육을 미리 배운다고 아이들에게 없던 호기심이 생기지 않는다. 오히려 자신의 몸에 대한 지식과 소중함을 알려주기 때문에 호기심을 적절히 충족시켜준다.

피임 교육 때 말했듯이 화재 예방 교육한다고 해서 다음 날 아이들이 불 지르지 않는다. 우리가 학교나 직장에서 안전교육을 받는 이유는 무엇인가? 혹시 모르게 일어날 사고에 대비하는 것이다. 성교육도 혹시 일어날지 모르는 성폭력도 방지해주기 때문에 당연히 미리 배워야 한다. 성교육은 자신과 타인의 몸에 대한 경계와 동시에 서로 존중하는 방법을 알려주는 교육이다. 오히려 또래 친구나 잘못된 매체를 통해 어설프게 배우거나 음란한 걸 보게 되면 따라 하거나 문제가 되는 것이다.

나는 이 책에서 계속 말했다. 현재 유아조차도 음란한 매체를 보고 따라 해서 일찍부터 성교육이 필요하다는 사실을 말이다. 디지털 세상은 빛보다 빠르게 침투해 곳곳에서 아이들의 성 문화를 위협하고 있다. 이에 반해 양육자의 성 인식은 아직 아날로그 세상에만 머무르고 있어 안타깝다.

이런 양육자의 걱정과 염려가 아이들이 제때 알아야 할 성에 대한 배움을 막아버린다. 영어는 그렇게 조기교육이 중요하다며 어릴 때부터 수없이 많은 돈과 시간을 투자한다. 그런데 아이의 '인성과 태도'

에 지대한 영향을 미치는 성교육은 왜 하지 않을까?

제때 맞는 적절한 성교육은 아이에게 올바른 성 가치관과 태도를 갖도록 도운다. 앞으로 아이들이 사는 시대는 영어도 필요하지만, 무엇보다 '인성과 태도'가 중요해지는 세상이다. 따라서 이것의 바탕이자 근간이 되는 성교육을 반드시 해야 한다.

베스트 ❷

아이가 자꾸 제 몸을 만져요. 스킨십 어디까지 허용해야 하나요?

"강사님, 9세 아들이 자꾸 저의 배나 가슴을 만져요. 처음에는 어리니까 그런다 생각했는데 점점 더 심해집니다. 이제는 아이가 제 옷 속으로 손을 넣어 가슴을 만지기까지 합니다. 어떡하죠?"

아이의 부담스러운 스킨십에 대해 고민하는 양육자들이 많다. 보통 엄마는 아이가 자신의 몸을 만질 때 불편하고 부담스러워서 거절하고 싶지만 상처받을까 봐 대답하지 못한다. 그동안 아이의 이런 스킨십을 수없이 참아왔을 것이다. 양육자 중에는 "제가 예민한 걸까요?"라고 말하는 사람도 있지만, 전혀 예민한 게 아니다. 당연한 고민이고 이를 기회로 삼아 아이에게 스킨십 교육을 해야 한다.

아이가 양육자에게 스킨십을 하는 이유 중 하나는 언어를 통한 안정보다 스킨십을 통한 안정이 익숙해졌기 때문이다. 아이는 양육자의 스킨십과 품속에서 정서적인 안정감과 편안함을 느낀다. 특히 아이들은 외부에서 불안감을 느낄 때 엄마의 몸 혹은 이불이나 인형을 만지고 지속적인 접촉을 하면서 안정감을 느끼려고 한다.

이렇게 스킨십은 양육자와 아이 사이에 필요하고 중요하지만 두 가지 원칙이 있다.

첫째는 상호 간의 신뢰가 바탕이 되어야 하고 둘째는 동의와 합의를 전제로 해야 한다. 사람마다 예민한 부위가 다 다르지만, 신체를 함부로 만지면 누구나 불쾌하다. 특히 가슴, 배, 엉덩이, 성기 부분은 동의 여부를 떠나 만지면 안 되는 곳이다.

냉정하게 아이의 스킨십을 거부하면 '엄마, 아빠는 나를 사랑하지 않나?'라고 생각할까 봐 걱정하는 양육자도 있다. 이런 걱정 때문에 많은 양육자가 불편한데도 아이의 요구를 거절하지 못하고 받아준다. 그러나 이런 행동은 양육자에게나 아이에게나 모두 좋지 않다.

아무리 자신을 사랑하는 양육자라도 무작정 마음대로 스킨십을 하면 안 된다는 것을 아이도 알아야 한다. 스킨십이라는 건 서로 기분이 좋아야 하고, 또 서로 동의하는 상태에서 하는 것임을 집에서 양육자가 알려줘야 한다. 그래야 밖에서도 친구나 다른 사람의 몸을 함부로 만지지 않는다.

이런 스킨십 교육은 구체적인 언어 인지와 함께 긍정적으로 알려주어야 한다. 만약 아이가 몸을 만진다면 양육자가 느끼는 불편한 감정을 솔직하게 말하되 긍정 형식으로 알려주면 좋다.

예를 들어 아들이 엄마의 가슴이나 배를 자꾸 만지면 "엄마가 아파서 그러는데 잠깐만 만지지 말아줘"라고 말하고 아이가 손을 놓으면 "응, 잘했어. 엄마 불편하지 않게 배려해줘서 고마워"라고 말해준다.

이런 식으로 아이가 스스로 참는 시간이 의미 있다는 것을 구체적으로 알려주자. 그리고 "네가 싫어서가 아니라 너를 사랑해서 존중하는 방법을 알려주는 거야. 알겠지?"라고 말하며 아이의 손을 잡아주거나 가벼운 포옹 정도로 바꿔줘도 좋다.

이런 스킨십 교육이 잘되려면 양육자부터 아이의 기분을 물어보고 스킨십을 해야 한다. 아이에게 아무리 동의와 스킨십 교육을 해봤자 양육자 자신부터 지키지 않으면 아무 소용이 없다. 결국, 양육자가 아이 앞에서 본을 보여야 스킨십 교육이 무너지지 않고 잘될 수 있다는 것을 명심하자.

그동안 수없이 아이의 스킨십을 받아줬는데 단 몇 번 만에 바뀐다는 것은 불가능하다. 교육하면서 아이의 행동을 한 번에 바꾸려고 하면 강압적으로 하게 되고 결국 화를 낸다. 성교육 강의 때 농담 반, 진담 반으로 이렇게 말한다.

"이런 스킨십 훈련은 한 2만 번 정도 해야 합니다. 몇 번만 하고 쉽게 바뀌지 않으니 생활 속에서 꾸준히 해주세요. 인내심을 갖고 꾸준히 실천해야 아이가 바뀔 수 있습니다."

처음에는 아이가 싫어하고 떼를 쓸 수 있지만, 점점 하다 보면 익숙해져 양육자의 기분을 묻고 스킨십을 할 것이다. 이렇게 가정 안에서 동의를 얻는 연습과 존중 교육을 해야 아이가 다른 사람의 몸을 만질 때도 물어보고 존중하게 된다. 스킨십 교육은 생활 속에서 양육자가 꾸준히 해야 하는 필수 교육이라는 사실을 잊지 말자.

베스트 ❸
아이와 부끄러운 장면이 담긴 영상을 볼 때 어떻게 대처하나요?

"초등학생 아이와 TV를 보다가 주인공 둘이 키스하고 갑자기 침대로 가는 장면이 나왔어요. 부끄러운 마음에 얼른 채널을 돌리고 아이의 눈을 가렸습니다. 근데, 제가 잘한 것인지 모르겠네요."

가끔 아이와 영화나 드라마를 보는데 민망한 장면이 나올 때 당황하는 양육자들이 있다. 이럴 때 양육자가 당황하거나 부끄러워하는 반응을 보이면 아이는 양육자의 표정과 분위기를 기억하게 된다. 그리고 이런 장면은 부끄럽고 민망한 것으로 여기게 된다. 그러면 이런 장면이 나왔을 때 어떻게 해야 할까? 세 가지 방법이 있다.

첫째, 시청 연령 등급 지켜라.

TV나 영화에는 시청 연령 등급이 있다. 보통 12세, 15세, 19세다. 아동이나 청소년은 폭력 성향이나 음란 성향의 매체로부터 보호받아야 하므로 이 등급 분류 마크는 선택이 아니라 필수로 해야 한다고 법에서 명시하고 있다.

이렇게 등급이 나누어져 있는 매체는 되도록 아이와 같이 보지 않으면 된다. 요즘은 15세 드라마에도 주인공들의 찐한 키스 장면이나 스킨십 등이 나온다. 어떤 매체든 아이에게 직간접적으로 영향을 미치기 때문에 이런 장면들을 되도록 아이와 함께 보지 않는 것이 좋다.

둘째, 대중매체를 통해 성교육을 하라.

혹시나 이런 장면을 보고 아이가 질문을 한다면 그냥 넘기거나 부끄럽게 생각하지 마라. 양육자의 부정적인 태도를 보고 아이도 영향을 받는다. 영화나 드라마의 장면들을 보고 어땠는지 아이와 대화를 나눠보자.

예를 들어 영화에서 남자나 여자 주인공이 서로 동의 없이 함부로 만지거나 폭력적인 상황이 나온다면 "저러면 안 되겠지? 좀 더 상대를 존중하고 배려하는 마음으로 스킨십을 하면 좋을 것 같아"라고 말하며 아이와 대화를 나누는 것이다. 이렇게 대중매체를 보고 대화를 하면 아이가 건강한 성 가치관과 연애관을 만드는 데 도움이 될 수 있다.

셋째, '사랑'과 '동의'가 필요하다는 것을 알려주어라.

아이가 이런 장면을 보고 "아 더러워. 이상해"라고 말할 수 있다. 그럴 때는 역으로 왜 그렇게 느끼는지 물어보자. 그래도 영화나 드라마는 음란물과 다르게 연인끼리 만나는 과정이 있다. 사랑하는 사람끼리는 서로 동의하에 뽀뽀나 스킨십을 할 수 있다고 자연스럽게 이야기하면 된다. 그래야 양육자의 뽀뽀나 스킨십도 아이가 이상하거나 부정적으로 보지 않는다.

앞의 세 가지에 모두 성공하기 위해서는 아이에게 억지로 가르치거나 주입해서는 안 된다. 영화, 드라마를 시청하는 것은 모두 일상과 관련이 있다. 이런 일상도 양육자가 간섭한다면 아이는 잔소리로 생각해서 듣기 싫어하고 대화마저 줄어들 수 있다.

서로 의견이 달라도 아이의 생각을 충분히 듣고 존중해야 한다. 이렇게 매체를 통해 일상 속에서 양육자가 아이에게 성교육을 할 수 있다. 앞으로는 부끄러워 피하기보다는 자신감을 가지고 자연스럽게 알려주자.

베스트 ❹
아이가 음란물을 봤을 때는 어떡해야 하나요?

"7세 남자아이를 키우는 엄마입니다. 제 아이는 유튜브를 자주 봅니다. 어느 날 아이가 유튜브로 우연히 성관계하는 영상을 봤습니다. 처음에는 많이 놀랐지만 어리니까 금방 잊을 거라고 생각했어요. 그러던 어느 날 큰일이 터졌습니다. 제 아들이 유치원에서 여자아이에게 "매미 놀이 하자" 하면서 자신의 성기를 뒤로 갖다 대고 비빈 거예요. 결국 그 여자아이의 양육자가 알게 되었고 난리가 났습니다."

엄마는 아이가 그냥 스마트폰으로 유튜브 영상을 보는 것으로만 생각했는데, 그걸 어린아이가 따라 할 거라고는 상상도 못 했다고 한다. 지금은 유아도 음란물에 노출되는 시대다. 이런 음란물을 보고 따라 하다가 성폭력 사건이 발생하기도 한다.

지금은 아이들에게 폭력적이고 왜곡된 성이 언제, 어디서든지 쉽게 노출될 수 있다. 문제는 이런 매체를 막기란 거의 불가능하다는 것이다. 내 아이가 스마트폰이 없고 유해 매체를 막는 앱을 설치한다고 해도 소용이 없다. 주변에 친구들이 잠깐 보여주면 그대로 노출되기 때문이다. 성(性)에 관한 기초는 어렸을 때부터 형성되기 시작하므로 일찍부터 가정 내 성교육이 이루어져야 한다.

한창 다양하게 탐색하고 활발한 신체 활동을 해야 할 영유아 시기에 자극적인 영상에 지속해서 노출되면 신체적·정신적 발달에 문제가 생길 수 있다. 이런 음란한 영상 이미지는 특히 어린아이에게 더 강렬하게 기억에 남고 지워지지 않는다. 현대 사회에서 미디어에 전

혀 노출하지 않는 것은 어려운 일이지만 아이가 무분별하게 보는 것은 문제가 될 수 있다.[72)]

아이가 음란물을 보는 장면을 봤다면 먼저 아이가 우연히 보게 된 것인지, 의도적으로 보게 된 것인지 상황을 정확히 파악해야 한다(더 자세한 것은 6장 '반드시 알아야 할 음란물 대처 방법 다섯 가지' 참조). 이때 무턱대고 아이를 혼내면 아이는 억울한 마음에 반발심이 들 수도 있고, 또 앞으로는 양육자가 없는 곳에서 몰래 음란물을 볼 수도 있다.

시간이 조금 흐른 뒤에는 아이에게 이 일을 주제로 이야기를 나누는 시간을 가져야 한다. 의도해서 보았든 우연히 보았든 음란물을 보고 난 뒤에 아이는 적잖은 충격을 받은 상태일 것이다. 그러므로 양육자가 아이를 다독이는 시간을 가져야 한다. 그러고 나서는 아이에게 음란물을 보면 안 되는 이유를 차분하게 설명하면 된다. 이유는 다음과 같다.

"음란물은 굉장히 폭력적이고 남성 중심적이다. 그 안에는 사랑이 없으며 때로는 비정상적인 설정(근친상간, 강간, 불법 촬영)으로 성행위를 한다. 마치 영화에서 17 대 1로 싸우는 주인공처럼 수많은 연출이 들어가 있으며 비현실적이다. 이런 음란물은 성폭력에 대한 감각을 떨어뜨리고 잘못된 성적 판타지를 갖게 한다."

건강하고 바람직한 성 인식을 가지는 데 음란물만큼 방해가 되는 일은 없다. 아이에게 자신의 몸과 타인의 몸을 사랑하고 존중해야 하는 중요성을 들려준다면, 아이들은 충분히 양육자의 말을 이해한다. 7세 아이라고 이해 못 할 거라 생각하면 오산이다. 아이들은 양육자가 관심을 가지고 성 관련 이야기를 해줄 때 매우 집중해서 듣고 양육자의 말을 이해하려고 노력한다.

"지금 이 책을 읽는 당신은 어떤가?", "자녀에게 성교육을 시작했는가?"

아마 자녀에게 성교육을 하기가 어렵거나 잘하고 싶다면 지금 당장 아이에게 성교육을 시작해야 한다. 처음부터 열정적으로 뛰어들 필요는 없다. 다만 더 늦추지 않겠다는 다짐이 더 중요하다. 엄마와 아빠, 양육자가 모두 함께 읽을 수 있는 책을 골라 읽는 것부터 시작하자. 아이를 위한 책이라 할지라도 아이보다 양육자가 먼저 다 꼼꼼하게 읽고 아이에게 전달해야 좋다. 그래야 아이가 책을 읽고 물어보는 것에 대해 공감대가 형성되고 말해줄 수 있기 때문이다. 성교육의 책임은 '양육자 모두'에게 있다. 이 사실을 꼭 명심하길 바란다.

베스트 ⑤

아이가 양육자의 성관계를 봤을 때 어떻게 하나요?

"초등학교 5학년 아이가 저와 아내가 성관계하는 모습을 보았습니다. 새벽에 성관계를 하고 있는데 갑자기 아이가 안방 문을 열고 보았어요. 너무 당황한 나머지 아이에게 일단 방으로 가라고 다그쳤습니다. 아이가 혹시 충격을 받은 건지 걱정되는데 어떡하죠?"

많은 양육자들에게 이런 질문을 자주 받는다. 그만큼 아이에게 들키는(?) 양육자가 많다는 방증이다. 성관계를 하다가 아이에게 걸렸다면 우선 양육자의 실수다. 성관계를 하기 전 방문은 잘 잠갔는지 점검해야 했고, 아이에게 노크 교육을 해야 했다. 어릴 때부터 노크와 사생활 존중 교육이 필요한 이유 중 하나다.

이때는 아이 연령에 맞게 대처하는 것이 가장 좋다. 당당하되, 담담하고 덤덤하게 말하라. 일단 부부 성관계를 들키면 당황스럽기는 하지만 아이를 안심시키는 것이 우선이다. 어른들의 시각으로는 부끄럽고 당황스러운 상황이지만 아이들의 시각으로는 순수하게 궁금한 상황일 수도 있다. 중요한 건 '아이가 어떻게 느꼈느냐'인데 이건 대화를 통해서 파악하면 된다.

아이가 아직 어려 성관계를 잘 모르는 상황에서는 보통 이렇게 생각한다.

"아빠가 엄마를 아프게 해. 괴롭히는 거야?"

또는 낯선 상황에 울 수 있다. 그러면 아이를 안심시키고 "엄마, 아빠는 부부잖아? 서로 사랑해서 좋아하는 놀이야"라고 말하면 된다. 성관계에 대해 모르는 아이에게는 이렇게 담담하게 잘 설명해주면 된다.

그러나 어느 정도 성관계에 대해 알 수 있는 나이라면 다르다. 우선 아이에게 시간이 필요하다. 수업 시간에 배우거나 상상했던 일을 실제 목격하는 건 대단히 큰 충격일 수 있다. 그동안 양육자의 친밀한 스킨십을 자주 보았어도 이보다 강렬할 수는 없기 때문이다.

아이를 안심시킨 뒤 시간을 가져야 한다. 시간이 지나 서로 마음을 진정시킨 후 아이를 불러서 천천히 대화를 시도하면 된다. 아이가 놀랐으면 사과하되, 양육자의 성생활이 부끄럽다는 인식을 주면 안 된다. 점점 아이가 크면 어느 순간 양육자를 이해하게 된다. 평소 양육자와 자녀 사이가 좋아 충분히 성에 대한 대화를 나눴다면 크게 걱정할 일은 아니다.

그러나 무엇보다 중요한 것은 미리 방지하는 것이다. 그것만큼 최선의 방법은 없다. 사실 성관계를 들켰을 때 아이도 충격이지만, 그 모습을 들킨 양육자가 더 큰 충격을 받는다. 마치 방에서 몰래 자위를 하다가 양육자에게 걸린 아이처럼 말이다. 이렇게 들키고 나면 그때부터 걱정이 생겨 부부 성생활이 힘들어진다.

보통 이런 경우 심리적으로 발생하는 심인성 발기부전이 생길 수도 있다. 관계할 때마다 자꾸 아이의 얼굴이 떠오르는 것이다. 부부의 성관계를 방해하는 요인 중 하나인데 남성의 경우 발기부전, 여성의 경우 욕구 장애가 생길 수 있다.[73)]

무엇보다 가장 좋은 방법은 "애당초 아이에게 들키지 않는 것이다." 성관계를 할 때는 항상 방문을 잘 잠갔는지 점검하고 아이에게 들키지 않도록 미리 방지하는 것이 최선이다.

양육자, 거침없는 아이의 성 질문에 더는 난감해하지 말자

이 책을 끝까지 읽은 당신에게 꼭 전하고 싶은 말이 있다.

"세상에 하나밖에 없는 소우주를 양육하며, 오늘 이 책을 읽은 여러분은 이미 준비된 양육자이자 훌륭한 양육자입니다."

나는 양육자를 우주, 아이를 소우주라고 생각한다. 세상에서 단 하나뿐인 내 아이는 우주와 같이 끝없이 펼쳐진 곳에서 기적 같은 확률로 나를 만나러 왔다. 이런 아이를 위해 공부하고 노력했다는 것만으로도 당신은 이미 준비된 양육자이자 훌륭한 양육자다.

이 책을 통해 준비된 만큼 거침없는 아이의 성 질문과 문제에 더는 난감해하지 마라. 오히려 아이에게 성교육을 하고 대화를 나눌 수 있는 '기회'로 바라보면 된다.

자녀 성교육에서 핵심은 '양육자의 건강한 태도'다

자녀에게 성교육을 할 때 내가 처음부터 끝까지 강조한 것이 바로 '태도'다. 성교육에서 '건강한 태도'를 갖는다는 것은 쉬운 일이 아니다. 새로운 생각을 받아들이는 것보다 과거의 생각을 버리는 것이 훨씬 더 어렵기 때문이다. '태도'를 바꾼다는 것은 곧 나를 바꾸는 것과 같다. 성교육을 통해 아이에게 건강한 성 인식과 태도를 갖도록 하기 위해서는 장기적인 투자를 해야 한다. 성교육은 열심히만 해서 되는 건 아니다. 앞에서 '제대로' 뒤에서 '충분히'라는 연료가 있어야 잘할 수 있다.

그래서 성교육 전문 기관 자주스쿨에서도 양육자와 자녀의 성에 대한 태도를 건강하고 주체적으로 만들기 위해 많은 성교육 프로그램과 연구를 진행 중이다. 형식적이고 이름뿐인 성교육에서 벗어나 보다 계획적이고 실질적인 성교육이 이루어질 수 있도록 노력하고 있다.

성에 대한 건강한 태도가 준비되었다면 그다음부터는 어떤 교육보다 '성교육'이 가장 즐겁고 재미있다는 사실을 깨닫게 될 것이다.

성은 '나만의 정답'을 찾아가는 과정이다

내가 성교육을 하면서 가장 크게 바뀐 것은 바로 삶에 대해 감사하고 겸손한 태도였다. 성은 가장 넓고 깊은 학문이라 아무리 공부하고 강의를 해도 항상 부족함과 목마름을 느낀다. 그래서 성을 공부하면서 더욱 겸손해지고 다른 사람의 의견을 수용하고 존중할 수 있는 태도를 갖게 되었다. 그래서 나는 성을 공부하고 업으로 삼았다는 것에 진심으로 감사하다.

성교육 강의 때마다 말하지만, 사실 '성에 정답은 없다'. 똑같은 말을 해도 사람에 따라 다르게 받아들이고, 자신이 처한 상황이나 나이에 따라 다르게 느낀다. 그래서 이 책을 통해 나의 정답이 아닌 '여러분'의 정답을 찾기를 바란다.

양육자와 자녀의 성에 대한 생각이 언제든 다를 수 있다. 이 다름을 서로 존중하고 때로는 양육자의 판단이 틀릴 수 있다는 사실을 알고 받아들여야 한다. 그래야 자녀와 성교육을 통해 소통할 수 있다. 자녀 앞에서도 자신이 틀릴 수 있다는 걸 인정하고 사과하는 순간이 양육자로서 진짜 '성장'하는 순간이다.

인생은 시간의 나열이 아닌 '사건의 나열'

그동안 남자로서 성교육을 하며 수없이 무시당하고 뼈아프게 힘든 일도 겪었다. 한 초등학교에서는 경비원한테 "무슨 남자가 성교육을 하나?"며 문전에서 쫓겨난 적도 있었다. 또 양육자 성교육을 하며 "결혼도 안 한 남자가 무슨 양육자 성교육?"이냐며 수많은 질타와 눈치를 받았다. 결국 실력으로 나의 성교육을 입증했지만, 그 이면에는 엄마의 응원과 지지가 있었기에 버틸 수 있었다. 나는 그 순간을 오롯이 다 기억하고 있다.

인생은 시간의 나열이 아니라, '사건의 나열'이다. 우리는 시간을 기억한다고 생각하지만 사실 나에게 중요했던 사건을 기억한다. 성교육을 통해 자녀에게 어떤 사건을 선물해줄 것인가?

내가 물어보는 성 질문과 고민에 엄마는 항상 좋은 태도로 답했다. 엄마의 사랑스럽고 아름다운 마음이 아니었다면 나는 절대 성교육 강사가 될 수 없었을 것이다. 이제 자녀들에게 긍정적이고 행복한 시간과 사건을 성교육을 통해 선물해주기를 바란다.

'앎이 삶이 되어야 한다', 성교육은 실전이자 실천이다

로버트 번스타인은 세계적인 명저 《생각의 탄생》에서 "이해하지 못한다는 것은 실제로 그것을 어떻게 응용해야 할지 모른다는 것"이라고 했다. 결국, 이해만 했지 그걸 응용하지 못하면 허울뿐인 지식이라는 것이다. '구슬이 서 말이라도 꿰어야 보배'가 되듯 아무리 많은 시간을 투자해서 강의를 100번 들어도, 책을 100권 읽어도 지금 생활 속에서 행동으로 옮기지 못하면 큰 의미가 없다. 이 책을 통해 배운 내용 중에 작은 것이라도 지금 당장 실천해보자.

성교육은 '내 몸에 대해 잘 알고 나부터 사랑하며 그 사랑을 아름답게 전달하는 것'이다. 매일 마주치는 삶에서 양육자의 사랑하는 모습을 아이에게 보여주려고 노력하자. 나부터 '앎이 삶'이 되기 위해 매일 가족에게 '사랑한다'라고 말하며 내가 가진 고마운 마음을 표현해보자.

마지막으로, 이 책이 나오기까지 고마운 분들에게 감사의 마음을 전한다. 우선, 내 전부이자 모든 것 되시며 나의 창조주이자 살아계신 하나님께 감사드린다. 그리고 나를 가장 가까이에서 응원해주고 격려해주었던 것이 바로 '가족'이다. 특히, 부족한 아들을 성교육 강사가 되도록 이끌어준 엄마 '송정례' 여사님께 사랑을 전한다.

"어머니, 당신이 나에게 보여준 사랑은 온 우주보다 넓고 깊습니다. 나의 어머니가 되어주셔서 감사합니다."

나의 따뜻하고 상큼한 또 하나의 가족 자주스쿨 김민영 대표님, 문성은, 하예린 매니저님, 자몽(자주스쿨에서 꿈을 이루어가다)님들에게 감사드린다. 자주스쿨 어벤져스 군단은 한국뿐만이 아니라 전 세계를 밝고 건강한 성 문화로 만들 것이다.

15년 넘게 성경 공부를 하며 나를 있는 그대로 사랑해주고 품어주신 나현도 목사님께 감사드린다. 그리고 '사람 더하기 사람은 사랑'이라는 아름다운 가치를 나에게 알려준 20세상 권기삼 단장님께 감사드린다. 이 책이 나오기까지 성심성의껏 도와준 출판사 '라온북'과 조영석 소장님, 김옥경 부장님 외 관계자분들에게 감사드린다.

전국 어디서든지 뜨겁게 응원해주고 격려해주는 수많은 청중과 양육자분들께도 이 자리를 빌려 진심으로 감사드린다. 이 책을 읽은 여러분 모두 '성의 주인이자 주인공'이라는 사실을 잊지 말고 자녀와 행복한 순간을 만들기를, 나의 슈퍼 긍정 에너지를 담아 깐따삐야! 응원한다.

> "새 계명을 너희에게 주노니 서로 사랑하라. 내가 너희를 사랑한 것 같이 너희도 사랑하라."
>
> — 〈요한복음〉 13장 34절

2020년 2월, 우주에서 단 하나뿐인 아름다운 존재

이석원

자주스쿨이란?

자(自)주(主): 자유롭게 생각하고, 주체적으로 살아가다.

자주스쿨은 유아부터 노년까지 전 생애에 걸쳐 바른 성 지식 습득과 성의식 제고를 도와 사회의 밝고 안전한 성문화 정착을 이끌어가는 성교육·성상담 전문기관이다. 성교육의 대중화를 목표로 하고 있으며, 전국에 있는 전 연령을 대상으로 교육과 상담을 진행하고 있나.

자주스쿨 프로그램 소개

1. 1:1 개인 성교육 컨설팅

상황에 따라 개인적인 상담 및 교육이 필요한 분들을 대상으로 전문적인 컨설팅을 진행한다. 기본적인 성교육뿐만 아니라, 성과 관련된 심리적 어려움이나 고민을 전문가와 함께 해결해나갈 수 있도록 돕는다.

2. 하브루타 성교육

하브루타 토론법을 성교육에 적용해 성에 대한 다양한 토론과 대화를 할 수 있도록 돕는 프로그램이다. 연령별, 주제별로 프로그램 진행이 가능하며, 가족 모두가 함께 참여할 수도 있다. 하브루타 성교육은 성적 대화 훈련뿐만 아니라 성에 대해 생각하는 힘을 길러준다.

3. 메타인지 성교육

성에 관해 주체적으로 판단하고 분석하는 능력을 길러주는 성교육이다. 피교육자 스스로 자신의 성 인식을 점검하고 고민할 수 있도록 코칭하기 때문에 성에 관한 궁금증이나 문제가 생겼을 때 건강하고 안전한 방법으로 해결하는 힘을 기를 수 있다. 다양한 체크리스트를 통해 현재 상황을 점검하고 노력해야 할 부분에 대해 디테일하게 코칭한다.

4. 메타버스 성교육

메타버스 플랫폼을 활용해 성교육을 진행한다. 아동·청소년들이 좋아하는 메타버스를 활용해 흥미를 유발하고 성교육의 효과를 증대시킨다. 양육자들의 경우 어렵고 낯설게 느껴질 수 있는 메타버스 사용법부터 활용법까지 익히도록 한다. 아이들뿐만 아니라 어른에게도 메타버스 안에서 성에 관한 대화와 소통을 통해 메타버스의 순기능을 경험하게 한다.

5. 소그룹 성교육

8세부터 19세까지 2~6명의 또래로 구성된 소그룹으로 진행하는 성교육이다. 일반 성교육과 달리 교육 대상의 성장 상태, 지식수준에 따라 필요에 맞는 적절한 교육을 진행한다. 자녀 성교육과 양육자 피드백 시간을 합쳐 총 100분 동안 진행한다. 장소는 자주스쿨에서 하거나 출장 교육도 가능하다. 교육자와 학습자 간의 상호작용이 원활해 단체 성교육보다 더 실질적이고 효과적이다.

6. 자주스쿨 성교육 전문 강사 양성 과정

대한민국의 밝고 안전한 성문화 확산을 위해 자주스쿨이 진행하는 성교육 전문 강사 양성 과정이다. 자주스쿨 강사뿐만 아니라 각계각층의 전문가들을 모셔 다양하고 깊이 있는 교육을 진행한다. 특히 성에 관한 민감성을 가지고 사회 흐름을 반영한 교육을 진행하기 위해 노력하고 있으며, 전문성을 갖춘 성교육 강사를 양성하기 위한 전문 과정이다.

문의

전화번호: 02-583-1230 / 카카오톡: 자주스쿨 / 유튜브: 자주스쿨
홈페이지: jajuschool.com / 네이버 카페: cafe.naver.com/jajuschool
블로그: blog.naver.com/jaju_school
주소: 서울특별시 동작구 동작대로1길 18, 307호 자주스쿨

| 참고자료 |

1 〈'스몸비족' 양산하는 스마트폰 중독에 대응하라〉, 《한국기독공보》(2019. 3. 30.)

2 《6세 아이에게 꼭 해줘야 할 59가지》(중앙M&B 편집부, 2010)

3 〈성인 67% "학창시절 성교육 도움 안 돼〉, 《세계일보》(2019. 4. 21.)

4 〈학생 간 성폭력' 방치… 위험수위 넘었다〉, 《서울뉴스》(2019. 10. 16.)

5 〈학생 간 성폭력에 고통받는 아이들 "학교 가기 두려워요"〉, 《파이낸셜뉴스》(2019. 1. 26.)

6 〈2018년 한국성폭력상담소 상담통계 및 상담 동향분석〉(한국성폭력상담소, 2019)

7 이현혜, 《좋아서 껴안았는데, 왜?》(천개의 바람, 2015)

8 윌리엄 야버 외 다수 저, 《인간의 성》(경향신문사출판국, 2012)

9 고선영, 〈부모-자녀 성교육이 자녀성장에 미치는 효과에 관한 연구〉, 동아대 사회복지대학원 상담심리치료학 석사논문(2018. 2.)

10 엄혜영, 〈가정 성교육과 학부모 대상 성교육 프로그램에 대한 중학생 학부모님들의 인식〉, 경남대 대학원 교육학과 석사논문(2017. 8.)

11 이민규, 《표현해야 사랑이다》(끌리는책, 2017)

12 〈여성 49.2% "학교 성교육 불만족"… 남성은 27.4%〉, 《한겨레》(2019. 7. 5.)

13 〈[김영화의 성교육] 15세면 콘돔 자동선물… 10대 임신율이 '헉'〉, 《동아닷컴》(2013. 2. 28.)

14 김지윤, 〈부모-자녀의 의사소통유형에 따른 대학생 자녀의 성 태도 및 성 행동〉, 숙명여대 대학원 가정관리학과 석사논문(2005. 8.)

15 〈성인 70%, 성 지식 인터넷서 정보 얻어〉, 《웹데일리》(2019. 4. 21.)

16 〈성범죄 원인, '야한 옷'이 아닙니다… '강간 피해자 옷' 전시회〉, 《국민일보》(2018. 1. 17.)

17 이윤정, 〈유아의 성별에 따른 어머니 성역할 인식과 유아의 성역할 고정관념 및 리더십의 관계〉, 계명대 교육대학원 유아교육학과 석사논문(2012. 2.)
18 〈뽀로로 안에 성차별 있다〉, 《여성신문》(2014. 2. 12.)
19 〈성 평일 가사노동 평균 18분 불과… 여성의 8분의 1에 그쳐〉, 《뉴시스》(2019. 9. 15.)
20 Michael Kimmel, 〈TED〉, "Why Gender Equality Is Good for Everyone—Men Included"(2015. 10. 6.)
21 임옥경, 〈유아 · 부모 대상 성교육 프로그램이 유아의 양성적 성역할 태도 변화에 미치는 효과〉, 울산대 교육대학원 유아교육전공 석사논문(2002. 8.)
22 〈남자는 파랑, 여자는 분홍 누가 아이들을 '물들였나'〉, 《경향신문》(2019. 9. 21.)
23 아르투어 쇼펜하우어, 《희망에 대하여》(오도환 옮김, 하문사, 1997)
24 〈정자 · 난자 만난 얘기 말고 '진짜 성교육' 필요해요〉, 《한겨레》(2019. 3. 12.)
25 〈"유치원 친구가 만졌어요"… '아동 간 성추행' 해법은 없나〉, 《노컷뉴스》(2019. 8. 12.)
26 최소영, 〈유아 성폭력 예방 교육의 효과에 관한 연구〉, 이화여대 교육대학원 유아교육학과 석사논문(2010. 8.)
27 이드보라, 〈유아 성폭력 예방 교육 활동이 만 4세 유아의 성폭력 인식에 미치는 효과〉, 공주대 대학원 유아교육학과 석사논문(2013. 2.)
28 이아현, 〈어린이집 · 유치원 영유아의 자위행위 실태와 교사의 인식 및 대처반응〉, 명지대 일반대학원 아동학과 석사논문(2018. 2.)
29 Sigmund Freud, 《Three essays on the theory of sexuality》(1905)
30 이아현, 위 논문.
31 Mary Roach, 〈TED〉, "10 things you didn't know about orgasm"(2009. 5. 20.)
32 〈남자아이 4세면 여탕 출입금지… 워터파크 탈의실에 혼자 보내라?〉, 《중앙일보》(2019. 9. 30.)
33 〈초등생 75%가 매주 유튜브 본다… 바람직한 지도 방법은?〉, 《에듀동아》(2019. 4. 4.)
34 〈초등생이 존경하는 인물 3위 도티… 연봉은 얼마?〉, 《신아일보》(2019. 9. 15.)

35 〈섹드립 · 성폭력 만연한 교실, 아이들이 위험하다〉, 《오마이뉴스》(2017. 12. 12.)
36 〈성조숙증 어린이 한해 9.5만 명… "일회용품 · 인스턴트 줄여야"〉, 《뉴시스》(2019. 5. 20.)
37 김춘경 외 공저, 《상담학사전》(학지사, 2014)
38 이명화 · 양윤경, 《재미있는 사춘기와 성 이야기》(가나출판사, 2014)
39 〈발기에 관한 흥미로운 사실 22개〉, 《위키트리》(2014. 12. 19.)
40 〈[멘파워 강호원 원장의 남성탐구생활] 포경수술〉, 《일간스포츠》(2019. 4. 19.)
41 〈"성행위 만족도에 악영향"…, 포경수술 왜 하나〉, 《오마이뉴스》(2014. 9. 27.)
42 〈학부모 60% "딸 초경 전 생리 교육 정보 충분치 않아"〉, 《쿠키뉴스》(2017. 12. 5.)
43 〈초경 빠르면 심장마비, 뇌졸중 위험 10% 더 높아 '연구'〉, 《파이낸셜뉴스》(2018. 1. 16.)
44 〈월경을 해야 비로소 '여자'가 된 거라고?〉, 《오마이뉴스》 (2018. 5. 14.)
45 〈"너희 엄마 김치찌개 장인" 여혐 표현 넘쳐나는 교실〉, 《중앙일보》(2019. 11. 15.)
46 〈X나 X같아" "XXX들"… 우리 아이, 욕을 입에 달고 산다〉, 《세계일보》(2012. 7. 24.)
47 이기주, 《말의 품격》(황소북스, 2017)
48 EBS Learning, 〈사이틴 시즌3 —왔다! 사춘기 —도대체 사춘기가 뭐야?〉(2015. 9. 4.)
49 〈[리포트+]집에서도 '카톡' 대화… 가족과 이야기하는 시간 얼마나 될까?〉, 《SBS News》(2018. 5. 21.)
50 〈'10대'의 성교육, 부모 효과〉, 《EBS News》(2016. 1. 28.)
51 〈젊어지는 자궁경부암 환자… 예방과 조기 발견이 최선〉, 《이데일리뉴스》(2018. 1. 3.)
52 〈자궁경부암 백신, 남성도 필요하다. 29개국, 남녀 모두 무료접종〉, 《파이낸셜투데이》(2018. 12. 21.)
53 〈자궁경부암 백신, 부작용 우려? 문제없다〉, 《헬스조선》(2019. 5. 17.)
54 왕경아, 〈청소년 이성교제가 학교적응에 미치는 영향〉, 가톨릭대 대학원 사회복

지학과 석사논문(2016. 2.)
55 〈중학생 절반 연애경험… 성 지식 수준은 3.7점〉, 《파이낸셜뉴스》(2019. 5. 30.)
56 오정화, 〈이성교제가 청소년의 정신건강 및 학교적응에 미치는 영향〉, 위덕대 대학원 사회복지학과 석사논문(2015. 2.)
57 〈첫 성관계 평균연령 13세… 통계조차 안 잡히는 임신 청소년〉, 《헤럴드경제》(2019. 4. 9.)
58 〈청소년 양육자 "피임법만 알았어도…" 5억짜리 성교육 헛바퀴〉, 《서울신문》(2019. 5. 12.)
59 〈피임, 콘돔이 가장 안전한 게 아니라고? 생리 중 피임률은? 질외사정 궁금했지? [닥터킴의 은밀한 궁금증 Ep.9]〉, 《CosmopolitanKorea》(2019. 6. 4.)
60 김경남, 〈남녀 고등학생의 피임지식, 피임태도, 피임 자기효능감이 피임의도에 미치는 영향〉, 전남대 교육대학원 간호교육학과 석사논문(2018. 2.)
61 〈청소년 부모 "피임법만 알았어도…" 5억짜리 성교육 헛바퀴〉, 《서울신문》(2019. 5. 12.)
62 〈첫 성관계 연령 12.4세 → 17.7세… 어떻게?〉, 《노컷뉴스》(2013. 5. 4.)
63 〈SNS 야동 유포자 검거… 30%가 초등생〉, 《YTN News》(2014. 10. 30.)
64 〈'엄마몰카' 가족이라도 불법입니다〉, 《엠빅뉴스》(2018. 7. 21.)
65 〈"야동은 연출… 사랑은 없고 쾌락만 있다"〉, 《노컷뉴스》(2013. 5. 1.)
66 〈피해 확장성 큰 디지털 성범죄, 사진 및 동영상유포로 카메라등이용촬영죄 적용될 수 있어〉, 《서울와이어》(2019. 10. 17.)
67 〈[단독] 메신저 여니 "가슴 커?"… 온라인 성폭력에 멍드는 10대〉, 《서울신문》(2019. 9. 27.)
68 〈한국 남성 96%, 여성 57% "자위 경험 있다"〉, 《경향신문》(2019. 9. 26.)
69 〈야동보는 남편 끙끙 앓는 아내 "어떡해요?"〉, 《건강다이제스트》(2019. 5. 1.)
70 〈여성들은 산부인과 진료대를 '굴욕 의자'라 부른다〉, 《머니투데이》(2019. 9. 1.)
71 〈10대 성병 지난 5년간 약 33% 급증〉, 《파이낸셜뉴스》(2019. 10. 14.)
72 〈영유아와 청소년의 스마트폰 사용, 부모 역할 중요해〉, 《뉴스워커》(2019. 7. 22.)
73 〈[곽승준의 쿨까당] 성교육편〉, 《tvn》(2018. 8. 29.)

북큐레이션 • 내 아이를 주도적인 사람으로 키우고 싶은 양육자들을 위한 책

내 아이를 독립적이고 주체적이며 자존감이 높은 아이로 키우고 싶은 양육자들이 〈세상 쉬운 우리 아이 성교육〉과 함께 읽으면 좋은 책!

아이가 달라지는 엄마의 말

도미향 지음 | 14,500원

아이의 속마음을 읽고 감정을 다스리는
최고의 코칭 대화법

두 아이를 코칭으로 키우며 18년간 양육자 코칭 전문가로 활동한 저자가 양육자와 아이 모두 행복해지는 소통의 방법을 제시한다. 저자가 강조하는 해법은 바로 성찰과 코칭의 대화를 실천하는 양육자다. 이 책은 아이를 가르치기보다 이끌고, 아이에게 말하기보다 들으며, 간섭하기보다 자율성을 주는 올바른 양육자 코칭 대화법을 사례별로 알려준다. 저자가 알려주는 대화법을 따라 하면 성공하는 자녀, 자기 삶을 주도적으로 살아가는 자녀로 키우는 데 큰 도움이 될 것이다.

슬기로운 양육자 수업

구은미 지음 | 14,000원

'당신은 양육자인가, 양육자인가?'
양육자가 바뀌어야 아이의 인생이 달라진다!

오랫동안 양육자 교육 강사로 활동하며 엄마 선생님으로 불리는 저자가 내 아이를 잘 키우고 싶은 3040 양육자들에게 필요한 자녀교육법을 알려준다. 저자는 바쁘다는 이유로 아이와 같이 시간을 보내지 못했던 양육자들에게 아이의 인생에 기적을 일으키는 방법은 아이와 함께 의미 있는 시간을 보내는 것이라고 말한다. 또한 아이를 양육자의 틀에 맞춰 키울 것이 아니라 아이가 잘하고 즐기는 것은 무엇인지 찾아내 키워주어야 한다고 조언한다. 초등학생부터 사춘기 자녀를 둔 양육자들의 양육 고민을 해결해주는 책이다.

엄마 자격증

진이주 지음 | 13,800원

공감 대화법부터 칭찬법, 문제 행동 대처법까지
현실 육아 지침 28!

'어떻게 하면 내 아이에게 더 나은 엄마가 될 수 있을까?' 육아가 서툰 초보 엄마들을 위해 내 아이를 주도적이고 자존감 높은 사람으로 키우는 법을 알려주는 책! 양육자가 되는 데 자격증이 필요하다고 하면 의아해할 수 있으나 유대인들은 아이를 낳기 전 양육자가 되는 공부를 한다. 양육자로서 올바른 가치관, 양육자의 역할이 무엇인지 미리 학습하는 것이다. 이 책은 육아가 서툰 엄마들에[게 20여 년간 가족 상담 전문가로 활동해온 저자가 아이와 마음으로 대화 나누는 법, 관계를 좋게 만드는 칭찬법, 문제 행동 대처법까지 현실적인 육아 지침을 이야기한다.

어쩌다 엄마는 되었지만

김민숙 지음 | 13,800원

"엄마는 처음이지만 뭐든 잘하고 싶습니다"
똑똑한 엄마 전략으로 우리 가족 웃음꽃이 활짝

"어쩌다 엄마가 되었지만 구체적으로 어떤 엄마가 좋은 엄마인지 잘 모르겠다", "뭐든 다 잘해주고 싶지만, 무엇을 어떻게 잘해주어야 하는지 잘 모르겠다" 하고 고민을 토로하는 엄마가 많다. 엄마가 처음이니 서투른 게 당연하다. 서투른 엄마들을 위해 맘메이트 김민숙 저자가 멘토로 나섰다. 엄마가 행복해야 가정도 화목해진다. 저자는 현재 '맘메이트 연구소'를 만들어 더 많은 엄마의 멘토가 되어 소통하고 있다. 이 책은 육아하는 도 중 만나는 막막한 순간, 당황스러운 순간, 위기의 순간에 도움이 될 것이다.